本书获湖北省社科基金（编号：2020［295］）资助

不完美理论

阿德里安·福蒂的建筑思想研究

王发堂　王　帅　著

中国建筑工业出版社

图书在版编目（CIP）数据

不完美理论：阿德里安·福蒂的建筑思想研究 / 王发堂, 王帅著. -- 北京：中国建筑工业出版社, 2025. 2. -- ISBN 978-7-112-30911-5

Ⅰ. TU-095.61

中国国家版本馆CIP数据核字第2025PS8255号

责任编辑：徐昌强　陈夕涛　李　东
责任校对：王　烨

不完美理论　阿德里安 · 福蒂的建筑思想研究
王发堂　王　帅　著

*

中国建筑工业出版社出版、发行（北京海淀三里河路9号）
各地新华书店、建筑书店经销
北京点击世代文化传媒有限公司制版
北京中科印刷有限公司印刷

*

开本：850毫米×1168毫米　1/32　印张：5⅝　字数：134千字
2025年3月第一版　2025年3月第一次印刷
定价：**78.00**元

ISBN 978-7-112-30911-5
（44065）

如有内容及印装质量问题，请与本社读者服务中心联系
电话：（010）58337283　QQ：2885381756
（地址：北京海淀三里河路9号中国建筑工业出版社604室　邮政编码：100037）

前　言

FOREWORD

英国的学术传统源远流长，形成了知识传递的顺畅通道。福蒂的老师是班纳姆，而班纳姆的老师是佩夫斯纳，他们师徒孙三人的学术生涯叠合起来有近百年，贯穿了自 1920 年现代主义出现以来至今的建筑理论流变与拓展，独树一帜引领世界建筑理论潮流，浩浩荡荡，奔腾不息，世界建筑发展沿着历史的轨迹流向未来。

佩夫斯纳正处于现代主义建筑兴起之际，因此，与同时代的理论家们一样，如何看待刚出现的作为新生事物的现代主义建筑，正是他的作品《现代设计的先驱者：从威廉·莫里斯到格罗皮乌斯》（1936）所面对的主要问题。如果现代主义建筑是世界发展的潮流，那么就需要论证它的合法性和出现的必然性。换而言之，就是如何理解新出现的现代主义，并为它的出现提供合理的解释。到了班纳姆的时代，现代主义建筑呈现如日中天的状态，这一代的理论家们就得为现代主义建筑寻求更加扎实的理论基础，并对现代主义建筑的未来展望进行论证。由此班纳姆于 1960 年出版《第一机械时代的理论与设计》，从技术的角度来论证现代主义建筑的美好未来。这本书也成为那个社会的时代宣言与未来发展蓝皮书。然而，在不到十年的时间里，文丘里的《建筑的矛盾性与复杂性》

（1966）等出版，开始扭转乾坤，现代主义建筑受到来自后现代主义建筑理论的攻击，处于风雨飘摇中。

福蒂在后现代主义建筑理论的熏陶下，基本上认可后现代主义的观念。他的《词语与建筑物》（2004）不再把历史看作宏大的叙事史，而是断裂的与微观的历史，这表明福蒂与班纳姆和佩夫斯纳在历史观念上的不同，可以说他发生了巨大转变——也就是说，福蒂深刻地理解了 20 世纪 80 年代以来的人文主义理念和后现代思潮观念。当代社会经过后现代思潮的洗礼，不再追求整体性、宏观性和连续性。在此基础上，福蒂发展出“不完美性”的观念，而且认为“不完美”才是历史的进步，等等。福蒂不再抱有班纳姆与佩夫斯纳那样对未来和技术的乐观与天真，建筑学迎来了具有不确定性的发展新预期。

从佩夫斯纳到班纳姆再到福蒂，百年沧桑巨变，历史风云兴衰，只有从这个角度来看待福蒂，研究福蒂的建筑思想，才能找到福蒂的真正的历史价值，也能够真正理解我们这个变幻莫测的时代和周遭建筑的万花筒世界。当代中国建筑学者已经加入理解这个时代和阐释这个时代的队伍中，本书的研究也仅是抛砖引玉，希望激起更多的学者加入对这个伟大的变革时代的沉思中来。

目　录

CONTENTS

01

第一章

绪论

1.1 福蒂简介

1.1.1 学术背景

图 1-1 阿德里安·福蒂

阿德里安·福蒂（Adrian Forty）（图 1-1）1948 年出生于英格兰的牛津，1969 年毕业于牛津大学布雷齐诺斯学院（Brasenose College）现代史专业，1971 年获伦敦大学考陶尔德艺术学院（Courtauld Institute of Art）欧洲艺术史硕士学位，1989 年在彼得·雷纳·班纳姆（Peter Reyner Banham，1922–1988）的指导下获得伦敦大学学院（UCL）建筑学博士学位，就读学校就是伦敦大学学院下属的巴特莱特（The Bartlett）建筑学院。

硕士毕业后，福蒂于 1971 年进入布里斯托尔艺术学院（Bristol School of Art）任教，1973 年秋开始在巴特莱特建筑学院参加建筑历史等与本科和研究生相关的课程教学。福蒂曾在伦敦大学学院巴特莱特建筑学院担任建筑史教授，同时兼任建筑历史科学硕士项目（MSC programme in Architectural History）的主任。2014 年福蒂荣誉退休，至此他在巴特莱特执教超过了 40 个春秋。

福蒂教授是欧洲知名学府的建筑学院院长、英国著名建筑教育学者，同时也是一位历史学者。作为英国最知名的艺术史学家、建筑史学家和设计史学家，福蒂独特的历史研究模式备受学术界推崇，影响了一代又一代的学者。

1986 年是奠定福蒂学术地位的一年，他在 1980 年创作的作品《欲求之物：1750 年以来的设计与社会》（*Objects of Desire*，

Design and Society Since 1750，1986，中文版 2014，以下简称《欲求之物》）于此年正式出版，在学术界引起了巨大的轰动。该书以突破传统史学模式的研究方法成为设计史编纂的一座里程碑。美国文化史学者杰弗里·麦克尔（Jeffrey Meikle，1949- ）对《欲求之物》在设计史中的地位给予了高度的评价，他说:“《欲求之物》是设计史领域第一本非‘佩夫斯纳式’的著作。”[1]

福蒂在学术界获得的声望主要源于其第一部著作《欲求之物》。这部作品开创了一种被称为“微观史学”[2]的新型历史研究模式，打破了“宏观史学”在现代主义历史研究中无力的尴尬局面。该书除了强调新型的历史研究模式之外，还对当时社会精英崇拜的风气进行了批判。

这部著作也成为他一系列创作的开端，随后几年他陆续创作了多部作品:《词语与建筑物：现代建筑的语汇》（*Words and Buildings：A Vocabulary of Modern Architecture*，2004，中文版 2018，以下简称《词语与建筑物》）、《被遗忘的艺术》（*The Art of Forgetting*，合著，1999）、《巴西的现代建筑》（*Brazil' s Modern Architecture*，合著，2004）、《混凝土与文化：一部材料的历史》（*Concrete and Culture：A Material History*，2012，以下简称《混凝土与文化》）[3]。上述作品除《词语与建筑物》和《欲求之物》之

---

[1] 徐敏.《欲求之物》视野、方法对设计史研究的影响 [D]. 南京：南京师范大学，2019：1.

[2] 微观史学（Microhistory）是从一系列彼此关联的事实出发，研究并解释其真相的理论。值得注意的是，这种历史研究方法并不需要刻意证明或总结某种理论，而是提供一种最可能的解释。微观史学是一种偏向史实记录的历史研究模式，其研究方法有文献法（或考据法）、田野调查和日常生活之考察，等等。

[3]《混凝土与文化》中文版已于 2021 年 7 月由商务印书馆翻译出版。——编者注

外，截至2021年6月均未有中文译本。本书研究的重点在于福蒂个人的思想理念，因此合著作品并不在本次研究的范围之内，以便更加准确地对其理念进行甄别梳理。《欲求之物》《词语与建筑物》《混凝土与文化》是本书研究的重点。

图1-2　西奥多·泽尔丁

在这几部作品中，他坚持贯彻微观史学的历史研究模式，并将其扩展到其他学科的历史研究中，进一步实证检验。这些学科包括语言学、建筑材料学、建筑学和社会心理学等。福蒂的每部作品都具有两个普遍特点：第一是都采用微观史学的研究方法，第二是将其他学科的研究方法或者评价标准嫁接到新学科的研究中。对此，福蒂解释道，这是因为在他研究的道路上受到本科导师西奥多·泽尔丁（Theodore Zeldin，1933-）（图1-2）和博士导师班纳姆的影响。[1]

福蒂的作品需要其他人文学科基础理论支持才能得到全面的解读，其中包括设计、语言、艺术、建筑和材料等学科。广阔的知识面和纷杂的研究资料对研究者提出了很高的要求。他的作品都是其学术主张一以贯之的坚持与学术思想的延伸，都遵从着他

[1] 福蒂在巴特莱特学院官网介绍页中承认泽尔丁对其的影响，在一次名为“第一次班纳姆纪念讲座”（The First Banham Memorial Lecture）的座谈会上，福蒂承认他对设计史真正感兴趣是源于班纳姆对他的兴趣培养。详见：Adrian Forty. *Prof Adrian Forty Biography* [EB/OL].（2014/10/1）[2020/2/07]. https://www.ucl.ac.uk/bartlett/architecture/prof-adrian-forty.

重构现代主义历史的初心，以此破解过去历史著作之英雄史诗的写作思路。

1.1.2　教学介绍

福蒂在英国建筑教育界享有崇高的声誉，2003 年英国教育机构为了表彰他对英国建筑教育做出的杰出贡献，授予其米沙・布莱克爵士（Sir Misha Black，1901–1977）设立的布莱克奖（Sir Misha Black Award）；2011 年，福蒂被授予英国皇家建筑师学会（Royal Institute of British Architects，RIBA）荣誉院士的称号。

福蒂十分重视建筑学科的基础教育建设，即历史理论的研究。他提倡历史教育需要与社会发展以及新兴学科关联起来。在这个问题上，他与巴特莱特建筑学院前院长理查德・卢埃林・戴维斯（Richard Llewellyn–Davies，1912–1981）不谋而合。

戴维斯创立该学院的初衷就是“培养学生的综合能力，同时加强建筑与社会科学、自然环境等其他学科的联系”。他认为建筑学只有扩大自己的影响力，逐步拓展到其他学科领域才能适应社会发展的需要。在戴维斯设想的蓝图中，建筑设计不仅仅需要建筑师，心理学家、物理学家甚至生物学家等其他领域的学者都可以参与其中。因此，他一生致力于把巴特莱特建筑学院打造成一所能够培养学生综合性素质的学院。

1960 年 10 月 10 日，戴维斯在伦敦大学学院的就职演说上提出：“也许每个人都对医院或者大学的某一部分工作原理有所了解，但是没人知道这些建筑作为一个整体的运作方式。”戴维斯同样强调对学生综合性素质的培养，使他们更好地适应不断变化的设计环境。“他们必须学习一些解剖学、生理学和对特殊感觉的心理学。他们还必须了解足够的物理知识，用来预测他们设计的建筑内部物理条件发生怎样的变化。”[1]

福蒂在接手学院领导工作的同时，也受到了戴维斯的思想影响。在接手巴特莱特建筑学院的 40 年间，福蒂和他研究生时期的同窗马克·斯威纳顿（Mark Swenarton）开创了建筑史硕士（MA Architectural History）的课程。与戴维斯提倡拓展建筑领域范畴的主张相似，该课程强调拓宽历史研究的范围，提倡通过多领域的思考来研究历史问题。这种启发式的教学风格也让这门课程成为英国甚至世界上最受欢迎的建筑历史课程之一。

1.2 福蒂史学观

福蒂的本科导师泽尔丁曾经担任牛津大学圣安东尼学院（St. Antony' s College）的院长，其所获得的成就不亚于福蒂。他曾于 1993–1995 年受聘为加莱海峡北岸规划委员会主席（Nord–Pas–de–Calais Planning the Future Commission）、法国千禧年委员会（French Millennium Commission）的名誉顾问，还为法国经济复兴提供意见咨询……泽尔丁被《时代周刊》（*Time*）杂志称为“世界上最权威的法国人”[2]。

泽尔丁创作的历史作品侧重描写个人的情感以及生活中各个方面的细节。其著作《法国人的浪漫史》（*History of French Passions*，1980）对法国人的行为方式、社会观念、政治理念等

[1] Richard Llewelyn Davies. *The Education of an Architect: An Inaugural Lecture, Delivered at University College*[M]. London: University College London by HK Lewis & Co，1960: 1.

[2] oxfordmuse. com. *A Short Biography of Theodore Zeldin* [EB/OL].（2008/1/15）[2020/2/07]. http: //oxfordmuse. com/?q=theodore–zeldin.

进行细致的描述，并借此荣获英国历史学最高奖项——沃尔夫森奖（Wolfson Prize）。他从法国人日常生活入手调查，细微而翔实地为读者解释法国人总是会给别人留下热情印象的缘由。这些材料来源于法国人生活中的方方面面，材料内容广泛而真实，例如他们的说话方式、为人处世的原则甚至法国人对国际关系的看法等都被详细地记录下来。这部由英国人撰写的关于法国人日常生活的著作也获得了法国学术界的承认，泽尔丁也因此被评为“法国最受欢迎的英国人”[1]。

毫无疑问，这种从日常生活中入手，从细微的社会层面对人文社会进行研究的方法影响了福蒂。福蒂在巴特莱特建筑学院官方网站上的自我介绍中坦言：“作为牛津大学历史系的学生，在导师西奥多·泽尔丁的鼓励下，我开始对普通人习以为常的东西产生了兴趣。”[2] 这种对史学材料真实性的考究以及对平凡事物的密切关注都在福蒂的作品中有所体现。

图 1-3 雷纳·班纳姆

对福蒂同样产生了深远影响的还有他的博士导师雷纳·班纳姆（图 1-3）。福蒂曾在对班纳姆的纪念仪式中表示：“我在这里想做的是

[1] oxfordmuse. com. *A Short Biography of Theodore Zeldin* [EB/OL].（2008/1/15）[2020/2/07]. http：//oxfordmuse. com/?q=theodore-zeldin.

[2] Adrian Forty. *Prof Adrian Forty Biography* [EB/OL].（2014/10/1）[2020/2/07]. https：//www. ucl. ac. uk/bartlett/architecture/prof-adrian-forty.

回顾历史，观察建筑师、建筑理论家和评论家是如何使用设计中的隐喻来批评建筑的。我认为这是值得做的事情，因为设计隐喻是现代建筑理论的重要组成部分。”[1] 这里的隐喻指的是一种类比，同时也是一种评价方法。也就是说，福蒂把评价设计学科的方法当作建筑学科的评价标准。

事实上，这种跨学科的研究是极具班纳姆风格的历史研究方式。众所周知，班纳姆最善于将建筑与其他非建筑学科进行类比分析。在其著作《第一机械时代的理论与设计》(*Theory and Design in the First Machine Age*，1960）中，他毫不掩饰对第一机械时代的铁路、发电站等新兴事物的痴迷。他尝试把科技产物的评价标准迁移到建筑领域，从而获得建筑发展的规律与线索。

有段时间，班纳姆非常关注汽车造型与装饰的发展历史，并试图从中获取灵感。在文章《欲望之车》(*Vehicles of Desire*）中，他将这种“汽车美学”称为“消费品美学”[2]。他通过观察现代社会中最有代表性的“消费品”，来寻找进入现代主义后的社会发展方向。班纳姆被汽车的发展历史深深吸引，认为代表着速度与高科技的汽车是第二机械时代最具代表性的文化产物。与此同时，汽车具有更迭迅速的特点，这种代表着进步的文化意象也是当时社会的缩影，而这个缩影也同样反映在建筑领域。对此，福蒂评价道：“班纳姆认为非建筑艺术品评判标准同样是建筑评判的标准。”[3]

---

[1] Adiran Forty. *Of Cars, Clothes and Carpets: Design Metaphors in Architectural Thought: The First Banham Memorial Lecture* [J]. *Journal of Design History*，1989，2（1）：11–14.

[2] 陈若煊 . 雷纳·班纳姆设计批评思想研究 [D]. 南京：南京艺术学院，2017：36.

[3] Adiran Forty. *Of Cars, Clothes and Carpets: Design Metaphors in Architectural Thought: The First Banham Memorial Lecture* [J]. *Journal of Design History*，1989，2（1）：11–14.

毫无疑问，这种跨学科之间的研究模式启发了福蒂，并促使他将其投入到历史研究中。福蒂曾明确表示他正是受到导师班纳姆的影响，才对设计史产生了浓厚的兴趣[1]。

以《欲求之物》为例，尽管书中主要的研究对象是“作为消费品的设计”，但事实上该书也是一部英国甚至欧洲的“近代工业史”，更是整个历史时代的缩影。正如福蒂在自己的社交网站上介绍的那样:“该书（《欲求之物》）的论点依然适用于建筑。”[2]

1.3　研究意义

福蒂在 2000 年出版的作品《词语与建筑物》的绪论中曾提出，建筑创作过程由四类人参与: 第一种是主创建筑师（architectus ingenio），第二种是主顾（architectus sumptuarius），第三种是工匠以及体力劳动者（architectus manuarius），第四种则是语言建筑师（archituctus verborum）。但很多人并不认同“语言建筑师”对建筑设计的贡献，并质疑他们究竟算不算“建筑师”中的一员[3]。福蒂向读者提出了一个值得深思的问题——建筑理论研究究竟对建筑学发展起到了怎样的作用?

事实上不仅仅是建筑学，几乎所有与艺术相关的学科都普遍

[1] Adiran Forty. *Of Cars, Clothes and Carpets: Design Metaphors in Architectural Thought: The First Banham Memorial Lecture* [J]. *Journal of Design History*, 1989, 2（1）: 11–14.

[2] Iain Borden, Murray Fraser, Barbara Penner. *Forty Ways to Think About Architecture*[M]. Chichester: John Wiley & Son Ltd., 2014: 182.

[3] Adrian Forty. *Words and Buildings: A Vocabulary of Modern Architecture*[M]. London: Thames & Hudson, 2000: 11.

存在着对历史研究与理论研究的偏见。近些年来，历史研究无用论甚嚣尘上，芝加哥伊利诺伊大学的荣誉教授维克托·马格林（Victor Margolin，1941–2019）在 1991 年意大利米兰理工大学（Politecnico di Milano）举办的学术会议上作了名为《设计史还是设计研究：学术的主题与研究方法》（*Design History or Design Studies: Subject Matter and Methods*）的演讲。演讲中，马格林教授对历史研究的必要性产生怀疑，他这样评价道："所谓的设计史研究不过是对最初记载的文献最为简单直观的回应罢了。"[1] 对此，福蒂教授与其产生了激烈的辩论。在给福蒂教授的回信中，马格林教授补充道："除了英国，没有哪些知名的大学设有设计历史课程……这意味着设计史学并不需要一个高级学位项目。"[2]

事实上，理论研究的影响无处不在。让人颇为玩味的是，人们一面质疑理论研究本身的价值，一面依赖理论对商品产生的影响从而获取利益。商品销售商们通过粗暴的方式将理论强加于商品，赋予商品额外的价值，这是理论对商品产生的直接影响，虽然重要，但两者之间的间接关系更值得探索考究。

理论的本质是一种言论道德，学者通过对历史考古寻找可靠的依据来说服其他人，通过第三方的认可，间接地提升研究对象的社会影响力与艺术价值。这是理论研究对商品自上而下施加影响的过程，当然，相对来说也是较为间接的影响与结合方式。这个过程中两者的结合相较前者更加紧密，也更加可信。这也正是理论研究真正的价值所在。

---

[1] Victor Margolin. *Design History or Design Studies: Subject Matter and Methods* [J]. *Design Studies*, 1995, 11（13）: 104–116.

[2] Victor Margolin. *A Reply to Adrian Forty* [J]. *Design Issues*, 1995, 11（1）: 19–21.

本书研究意义在于通过对福蒂的理论研究，更加直观地学习西方先进的历史研究理论，把握历史前进的方向与脉搏，为当前建筑史理论研究提供前期的学术积累。作为近年来最出色的历史理论学者，福蒂有着丰富的历史编纂经验以及独特的学术见解，这些正是国内学者需要研究学习的。在以西方美学主导的审美背景下，中国迫切地需要通过搭建独有的学术体系和重构本国建筑史来获得话语权。邻国日本已经证明这条道路是行之有效的，并成功地在建筑学术界占据了一席之地。中国建筑学人应该吸取他们的经验，承担起知耻后勇奋起直追的历史使命。

1.4　国内研究现状

近几十年来，福蒂出版了一系列著作，其设计史学与现代建筑理论已经引起中国当代设计学界和建筑史界的高度关注。各行业学者从不同领域对其展开了研究，并相继推出成果。

2010 年 3 月 30 日—4 月 4 日，在南京与上海两地举行的第一届“当代建筑理论论坛”国际研讨会上，中国建筑工业出版社决定出版名为《词、建筑物、图》的系列丛书，福蒂及其作品《词语与建筑物》由此进入中国建筑学者的视野。

事实上，尽管 2010 年就已经有了《词语与建筑物》一书的出版计划，但福蒂第一部被译成中文出版的作品是 2014 年由译林出版社出版的《欲求之物：1750 年以来的设计与社会》。该书是福蒂的代表作，由设计学者苟娴煦翻译。虽然《欲求之物》吸引了部分国内学者的目光，但是只局限于工业设计行业。直到 2018 年，由建筑学者们翻译的《词语与建筑物》正式出版，才拉开了国内对福蒂思想探索的序幕。

2018年6月，《新建筑》杂志社在华中科技大学举办了以“建筑理论与词语”为主题的春季论坛，并在《新建筑》2019年第3期刊载了一系列论文，同时发表了相应专栏，专栏分为论文与笔谈两部分，从不同的角度和领域讨论由福蒂的词语衍生出的建筑理论相关话题（表1-1）。

《新建筑》2019年第3期刊载的相关论文和笔谈　　表1-1

序号	类型	作者	题目	页码
1	论文	李华	《建筑概念：批判性范畴的构筑与反思》	5-10
2	论文	夏铸九	《字词与图绘·论述形构与草皮·实践的力量——兼论对建筑理论与历史方法论的教学意义》	11-18
3	论文	范路	《从形式的知识到形式生成——观念史启发下的设计理论探索》	19-24
4	论文	唐克扬	《“关键词”：当代建筑学的地图》	25-28
5	论文	赖德霖	《地域性：中国现代建筑中一个作为抵抗策略的议题和关键词》	29-34
6	论文	丁光辉	《批评性建筑再阐释——体验的解放》	35-39
7	论文	鲁安东	《回应的实验（1978—2018年）——当代中国建筑实验的演进过程及其关键词》	40-45
8	笔谈	谭刚毅	《藉由关键词追溯理论本源》	46
9	笔谈	褚冬竹	《理想建构与建构理想：建筑学和它的理论》	46-47
10	笔谈	关瑞明	《从建筑微批评走向建筑批评》	47-48
11	笔谈	靳亦冰	《关于类型学、符号学和拓扑学在乡土聚落研究中的一点思考》	48
12	笔谈	赵纪军	《“关键词”作为学科解读的密钥》	49

上述论文和笔谈围绕主题“建筑理论与词语”展开讨论，并不是直接研究福蒂的建筑思想，只能说是在福蒂思想的外延展开研究，可以说是由福蒂的《词语与建筑物》引出来的主题。

近几年陆续有研究阿德里安·福蒂的相关思想论文刊载。除了我们的论文《另类建筑史：〈词语与建筑物：现代建筑的语汇〉之解读》（2020）[1]、《对峙中的融合：佩夫斯纳与福蒂的设计史研究》（2020）外[2]，还有《关于阿德里安·福蒂及其写作的一些思考》（2020）[3]、《从〈欲求之物〉看设计与社会的关系》（2019）[4]、《佩夫斯纳设计史的"历史主义"视野》（2015）[5]、《设计之于社会与社会之于设计：社会学的介入对设计史研究造成的影响》（2017）[6]。在本书的写作过程中，南京师范大学的徐敏也以福蒂作品为研究内容进行硕士论文的创作，在其论文《〈欲求之物〉视野、方法对设计史研究的影响》（2019）中，对福蒂的早期作品及思想进行了解读[7]。不过，徐敏的研究对象主要是福蒂的第一部作品——《欲求之物》。她在文中强调《欲求之物》的诞生给设计史研究带来了巨大的冲击，改变了历史学者

---

[1] 王发堂，王青华．另类建筑史：《词语与建筑物：现代建筑的语汇》之解读 [J]. 世界建筑，2020（11）：77-79.

[2] 王发堂，王帅．对峙中的融合：佩夫斯纳与福蒂的设计史研究 [J]. 建筑与文化，2020（7）：96-97.

[3] 张骋．关于阿德里安·福蒂及其写作的一些思考 [J]. 新建筑，2020（6）：41-45.

[4] 陈晋唯．从《欲求之物》看设计与社会的关系 [J]. 中国艺术，2019（3）：98-103.

[5] 朱金华．佩夫斯纳设计史的"历史主义"视野 [J]. 装饰，2015（7）：79-81.

[6] 邢鹏飞．设计之于社会与社会之于设计：社会学的介入对设计史研究造成的影响 [J]. 装饰，2017（8）：77-79.

[7] 徐敏．《欲求之物》视野、方法对设计史研究的影响 [D]. 南京：南京师范大学，2019.

对设计史研究以及历史写作的认知，并没有脱离设计领域的范畴。

总的看来，对福蒂的理论研究在国内刚刚兴起，在未来很长的一段时间内，随着福蒂越来越多的著作被翻译成中文，对福蒂及其理论的研究将会越来越丰富。

需要指出的是，英国建筑史学无法脱离佩夫斯纳—班纳姆—福蒂这个谱系的传承。当一位学者研究近代建筑史时，根本无法回避佩夫斯纳与班纳姆对历史研究所产生的影响。同样，国内建筑界研究佩夫斯纳和班纳姆等人的建筑历史和建筑理论时，由谱系向下推演，也必会碰及福蒂。除了上述《〈欲求之物〉视野、方法对设计史研究的影响》，南京艺术学院袁熙旸教授的两位学生分别完成的《佩夫斯纳设计史思想研究》(2014)[1]与《雷纳·班纳姆设计批评思想研究》(2017)[2]硕士论文都对福蒂的思想有着初步的探索研究。

本书写作期间，国内与福蒂相关的研究资料十分有限。由此可见，针对福蒂的理论研究，在国内尚处于起步阶段。而且值得注意的是，福蒂早期在国内的影响力仅仅局限于工业设计与艺术研究等领域。最初文章的作者大多是从事这些学科研究的工作者，因此，他们的目光也仅仅聚焦于福蒂在设计史研究上的成就，他们的文章明显更加关注《欲求之物》，对《词语与建筑物》和《混凝土与文化》鲜有提及。

国外对福蒂的研究相对丰富，其中以《建筑思考40式：建筑史与建筑理论的现状》(以下简称《建筑思考40式》)(*Forty Ways to Think About Architecture*，2014，中文版，2017)最为

[1] 徐晨希.佩夫斯纳设计史思想研究[D].南京：南京艺术学院，2014.

[2] 陈若煊.雷纳·班纳姆设计批评思想研究[D].南京：南京艺术学院，2017.

突出。这部作品是福蒂的学生为了纪念他们的老师从巴特莱特建筑学院光荣退休而自发性集体创作的书籍，由 40 位作者合作完成，由题材、篇幅、内容、研究视角不尽相同的 40 篇文章构成[1]。

在这本书中，有的文章是对福蒂某阶段的学术理论进行重构，有的文章是对其某部作品进行内容分析，有的文章单纯记录福蒂的爱好与生活习惯，也有的文章是在讲述福蒂的教育思想，甚至有人尝试模仿福蒂的文笔对其他学科的发展历史进行描写……以英国评论家布莱奥尼・菲尔（Briony Fer）在该书中的评论为例，她提到福蒂有着收集图像资料的习惯，并认为这些图像资料是侧面记录福蒂自 1970 年来兴趣发展变化的有力佐证[2]。一如福蒂琐碎的历史研究模式，他的学生也试图通过零星碎片拼凑出"福蒂的全貌"，不过也正因如此，导致他们没有一个人整体地谈论福蒂及其思想。

除了《建筑思考 40 式》一书中的 40 篇文章之外，欧洲学术界对福蒂的研究明显丰富了许多，有许多关于《欲求之物》《词语与建筑物》和《混凝土与文化》的书评介绍（但是大部分论文仍然是在探讨《欲求之物》及其研究模式）。不过，这些研究材料面临着与国内文献相似的问题，几乎很少有学者将福蒂的三部重要作品彼此联系起来。

以下列出部分与福蒂研究直接相关的英文书籍与论文（主要探讨福蒂思想或者作品的文献，而不是作为其他研究中的文化背

[1] Forty 这个数字的选取有三种含义：首先，参与该书创作的人员一共有 40 位；其次，福蒂的英文名字 Forty 与"四十"的发音相同；最后，则是从福蒂正式入职巴特莱特建筑学院（1973）到他的学生策划编撰该书（2013）为止正好 40 个春秋。

[2] Iain Borden，Murray Fraser，Barbara Penner. *Forty Ways to Think About Architecture*[M]. Chichester：John Wiley & Son Ltd.，2014：65.

景出现）：

1. Adrian Forty. *Objects of Desire，Design and Society Since 1750*[M].London：Thames and Hudson，1986.

2. Adrian Forty. *Words and Buildings：A Vocabulary of Modern Architecture*[M]. London：Thames & Hudson，2000.

3. Adrian Forty. *Concrete and Culture：A Material History*[M]. London：Reiktions Books，2012.

4. Iain Borden，Murray Fraser，Barbara Penner. *Forty Ways to Think About Architecture*[M].Chichester：John Wiley & Son Ltd.，2014.

5. Adiran Forty. *Of Cars，Clothes and Carpets：Design Metaphors in Architectural Thought：The First Banham Memorial Lecture* [J].Journal of Design History，1989，2（1）：11–14. 这是福蒂在纪念班纳姆的活动上发表的一段讲话，旨在强调班纳姆对建筑史研究做出的杰出贡献，以及介绍班纳姆如何把工业体系的评价标准迁移到建筑领域。这种跨学科的研究模式也对福蒂的理论研究产生了深远的影响。

6. Victor Margolin. *Design History or Design Studies：Subject Matter and Methods* [J]. *Design Studies*，1995，11（13）：104–116.

7. Victor Margolin. *A Reply to Adrian Forty* [J]. *Design Issues*，1995，11（1）：19–21.

上述两篇文章是美国著名评论家维克托·马格林与福蒂在设计史和建筑史以及其教育上展开的辩论。文章重点强调历史的研究需要彻底打破学科之间的壁垒，这远比福蒂强调加强学科联系的观点激进得多。同时，文章对历史学科教育的必要性提出了质疑。

马格林教授与福蒂教授学术冲突的焦点在于历史研究在社会中扮演的角色与意义，双方对此进行了两次激烈的学术辩论。

8. Slaton，Amy E. *Concrete and Culture: A Material History. by Adrian Forty* [J]. *Technology and Culture*，2015，56（1）: 279–281.

9. David Wang .*Words and Buildings: A Vocabulary of Modern Architecture by Adrian Forty* [J]. *Journal of Architectural Education*，2004，55（4）: 274–275.

10. Gwendolyn Wright. *Words and Buildings: A Vocabulary of Modern Architecture by Adrian Forty*[J]. *Journal of the Society of Architectural Historians*，2002，61（1）: 122–124.

上述三篇文章是国外学者对福蒂部分作品的内容进行简单的概括，而且文章对福蒂和他的作品在国外的影响有着翔实的描述；同时文章中列举了一些受到福蒂影响的学者，以及他们采用福蒂的研究模式进行研究所获得的成果。这些文章是本书重要的资料来源，也为本书的部分观点提供了理论支撑。

02

第二章

《欲求之物》解读

设计史研究的主要职责是书写好的历史，这与其他学科历史的研究没有区别。政治、经济、艺术或商业历史都追求理解共同构成这个非凡实体的过程，即理解人类社会运作的过程。设计史研究的对象是设计，而不是经济数据，因为后者并不重要——重要的是我们最终能够对作为社会存在的个人的行为做出怎样的解释。[1]

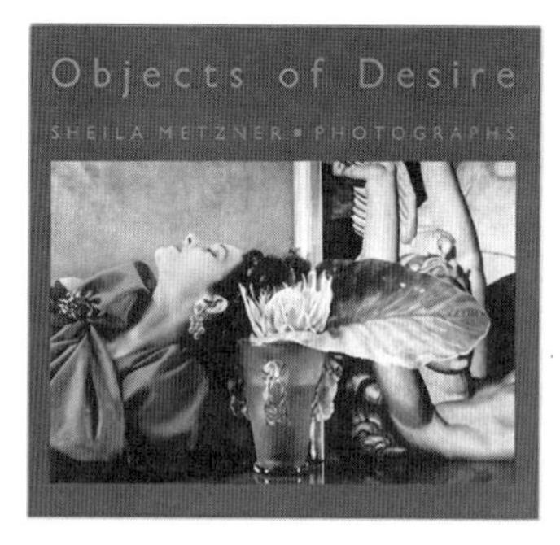

图 2-1 《欲求之物》(1986 版)

上述文字是福蒂在与美国学者维克托·马格林探讨设计史研究意义时发表的看法。福蒂从正面回应了设计史和社会之间的联系，即设计史研究的根本目的在于帮助人类了解社会的运行方式。

《欲求之物》(1986 版)(图 2-1)有一个中心论点：在经济上获得成功的设计，都是符合社会主流思想认知的，人类的思想认知又会受到这些获得成功的设计影响而获得进一步强化，形成一种正向循环。在福蒂看来，设计具有影响人类物质世界与精神世界的能力，他在书中评价道："很难说获得成功

[1] Adrian Forty. *A Reply to Victor Margolin* [J]. *Journal of Design History*, 1993, 6 (2): 131-132.

的设计是受到消费者导向，还是因为消费者被设计所说服。”[1]

因此，在书中福蒂关注的焦点在于分析设计与社会之间的关系。正如福蒂在巴特莱特学院的同事（也是前面所提及的研究生时期同学）——马克·斯威纳顿评价的那样：“这部书(《欲求之物》)的价值在于通过研究设计在社会中扮演的角色，了解设计在社会运行过程中的作用。”[2]

除此之外，福蒂还从设计与工业生产之间的关系出发，阐释了为适应这种大规模生产，设计师不得不做出妥协。这部作品以开创性的写作方式颠覆了人们对于历史写作与设计的传统认知，众多的创新让此书一经出版就广受好评，甚至成为设计师在踏入设计专业前的必读书目。

2.1 《欲求之物》

在《欲求之物》的序言中，福蒂对类比生物进化的设计历史观念进行了批判。持有生物进化史观的历史学家认为，设计历史可以被视作随着时间的流逝而不断进化的某种犹如有机体的动植物[3]。显然，这种观点是在向科学界的生物进化理论致敬。“生物体围绕基因来进行自我进化，而设计则会围绕概念进行自我完善。”这种观点是当时以佩夫斯纳为首的主流历史学家的共识。福蒂曾

[1] Adrian Forty. *Objects of Desire, Design and Society Since 1750*[M]. London：Thames and Hudson，1986：220.

[2] Mark Swenarton. *Homes fit for Heros*[M]. London：Heinemann，1984：4.

[3] 阿德里安·福蒂. 欲求之物：1750年以来的设计与社会[M]. 苟娴煦，译. 南京：译林出版社，2014：7.

经通过讨论佩夫斯纳的写作方法对这种历史观点进行了评价：基于这样的假设，即通过考察设计成果，仅参考设计师的视野和言论就可以恰如其分地理解设计。

事实上，历史的发展并不是如上由概念来引导的。微观设计史学从企业的日常生产与运作事实出发，来理解这些史实，以便找出它们变化的规律与理论，而并不是先设定某一理论框架，然后通过理论框架来剪裁史料或有意挑拣适合理论框架的史料来曲解历史。福蒂梳理了资本家或者企业家的书信、相关书籍、期刊和产品目录以及宣传手册等第一手材料，试图还原设计在整个生产体系中的实际运作过程。福蒂通过对企业生产运营进行剖析，以此种方式来彰显自己的观点。

《欲求之物》由 11 个章节组成，按照研究的对象可以将这些章节分为三个部分。该书的第一部分是前四章，其研究对象是“机械生产”。作者详细地介绍了“机械生产”对传统手工业带来的冲击，以及这种新型生产模式对参与其中的人们带来了怎样的影响。福蒂在前两章中反复提及陶器生产商乔赛亚·韦奇伍德（Josiah Wedgwood，1730–1795）以及与他相关的事例：虽然韦奇伍德把握住了“机械生产”带来的机遇，但这种新兴的生产模式所带来的进步同样给他带来了焦虑与困扰。

该书的第二部分是第五章到第十章，内容分别涉及家庭内部装饰、办公家具、卫生设备、电器、省力设备和企业形象等象征着当时社会进步的元素，并集中讨论这些元素与“设计”这门学科之间的关联。在第七章《卫生与洁净》中，福蒂首先简单介绍了当时的社会对于“污垢”的认知，即“污垢”本质是一种秩序的“混乱”。“混乱”促使人们产生重新排布秩序的需求，生产商们迎合这种需求设计并生产了“新型洁具”。玛丽·道格拉斯女爵士（Dame Mary Douglas，1921–2007）在其人文学著作《洁净与危险》（*Purity and Danger*）中评价道：“洁具产品之所以获得成功，是因为从本质上满足了人们对于空间重新排布的需求。”[1] 由此可见，人们的社会认知改变的同时，也使生活习惯发生了改变。生活习惯的改变为生产商带来了新的机遇，设计也就应运而生。

值得一提的是，设计并非单方面受社会因素的影响，它同样会对社会产生反作用。福蒂在书中提到，吸尘器的出现反而会让主妇的卫生清洁时间变长，因为她们能够做的清洁内容更多了，这改变了她们的清洁习惯[2]。产品出现的新功能同样会影响到消费者的思维观念和生活习惯。

在最后一章，福蒂总结了他重新构筑设计史的动机，即强调设计师在整个设计环节的弱势地位和以设计师主观思想为主导的传统历史研究模式并不合理。

2.2 艺术、设计与市场

福蒂认为，消费品生产是现代社会中的重要环节，其中设计又是消费品生产的重要环节。但需要强调的是，设计师既不是消费品生产的发起者，也不是设计方案的确定者。也就是说，在消费品的工业产业体系中，消费品的生产是由资本家（或企业家）根据社会需求来组织生产。作为资金投资方，资本家根据利润的

[1] Mary Douglas. *Purity and Danger*[M]. Winchester：Harmondsworth，1970：12.

[2] 阿德里安·福蒂. 欲求之物：1750年以来的设计与社会[M]. 苟娴煦，译. 南京：译林出版社，2014：271.

多少来选择生产什么。在生产环节中，他们聘请或雇佣设计师来主持设计；设计师往往准备多套预选方案供资本家挑选，最后由他们拍板定夺。这就是说，在消费品生产领域，投产或实施方案的最终决定者是资本家，而不是设计师。这就好比在建筑界的重大投标中，专家只负责评选出几个预选方案，最后仍需要由投资方、资本家或者政治家来决定实施方案。

设计师根据自己的学识、能力和对时尚的判断做出的设计方案对消费品有着直接影响，但值得注意的是，资本家根据市场需求和潮流走向进行的生产决策同样对消费品的发展与促进具有不容忽视的作用。当资本家的选择并不符合设计师的偏好时，设计以后的发展方向便脱离了设计师的把控。

以微知著，设计史的发展并非设计者自身设计风格的更替或者不同设计师设计理念的起承转合。用福蒂的话来讲，设计“是生产的一个方面，是商品制造者决定的结果”[1]。

长期以来，西方社会普遍认为设计的目的是为了满足审美的愉悦[2]。因此，西方历史学者总在尝试挖掘设计史在艺术层面体现的潜质与规律，甚至把设计和艺术作为一门学科进行研究。长期以来，设计一直都被视作艺术的附属产品。在西方历史学者看来，设计首先是一门艺术，其次才是社会生产中的一个环节，因为当历史学者对设计史寻根溯源时，他们总会诧异地发现设计与艺术总会在不经意间就产生了交叉重合。但是在进入现代主义时期后，两者的分歧

[1] 阿德里安·福蒂．欲求之物：1750年以来的设计与社会[M]．苟娴煦，译．南京：译林出版社，2014：2.

[2] Adrian Forty. *Objects of Desire: Design and Society Since 1750*[M]. London: Thames and Hudson. 1986: 1.

越来越明显，设计逐渐从艺术的桎梏中脱离出来，作为一门独立的学科存在；与此同时，设计和资本市场的关系变得越发密切起来。

因此对设计在艺术与市场经济之间进行定位分析，就越发重要起来。但是，很多历史学者仍然受到过去的惯性思维引导，有意无意间忽视了市场对设计产生的影响，这让福蒂在不满的同时也产生了些许担忧。

福蒂在《欲求之物》中引用了超过300条的参考文献试图佐证他的观点，即“虽然设计起源于艺术，但是进入现代之后，左右设计发展的绝不是艺术”。正如福蒂在该书序言中描述的那样：“在过去的50年中，绝大部分历史文献都在向读者传递着设计的主要目标是对事物的美化……很少有人将设计与利润进行联系，更少有人把设计与文化思想的传播联系起来。我意识到，设计之于经济和意识形态方面的重要性要远远超过人们的预计。”[1]

1. 设计的诞生

人类设计的历史可以追溯到石器时代，之后陶器的出现标志着手工艺设计的开始。在当时，设计与制造并没有完成分离，只有那些受过文化熏陶，并具有一定专业技能的手工艺匠人才能独立完成设计与制造。

随着工业革命兴起，人类进入了商品社会：一是资本逐利，为了迎合消费市场，加快商品流通，资本家通过丰富产品的种类，即对产品进行设计来扩大市场规模，设计行业由此获得了发育的土壤；二是随着商品经济的发展，市场竞争日益激烈，如何扩大生产规模并降低生产成本才是资本家关心的问题。商品的艺术价值被资本家

[1] Adrian Forty. *Objects of Desire: Design and Society Since 1750*[M]. London: Thames and Hudson, 1986: 1.

刻意忽视，被极大地降低。自此，机械化生产模式替代了手工制造。机器代替了手工，流水线生产代替了全程监管的生产流程，匠人从生产中不可替代的角色沦为机器生产的工具。在资本家看来，那些未受过艺术教育的工人远比传统手工业匠人更廉价、更听话。

福蒂在《欲求之物》中曾提到陶器商人韦奇伍德经常向他的生意伙伴抱怨他的工人无法稳定精准地按照方案完成生产。韦奇伍德在给他的伙伴的信中曾经提到："只有把这些工人充当成机器，他们的工作才不会出错。"[1] 商人对于产品经济效益的过分强调和对艺术的忽视，引起了当时人们的反感。维多利亚中期，尽管机器生产为英国聚集了大量的财富，但是对其抵制的声音却从未停止，有人（受过良好教育、有一定审美素养的人）认为机器生产的产品并不具有艺术性，这源于生产它们的都是没有接受过系统性艺术教育的工人。1792 年，初代托林顿子爵乔治·宾（John Byng，1663–1733）在调查位于约克郡（Yorkshire）的艾斯加斯（Aysgarth）工业中心时，曾经毫无避讳地对这些工人低下的素质表示批评："当那些工厂的工人不在工厂干活的时候，他们便偷窃、挥霍、抢劫。"[2] 除此之外，也有人把批判的矛头从操作机器的工人转向机器本身，比如英国建筑师科尔雷尔（C. R. Cockerell，1788–1863）就曾做出过这样的评论："我确信，为了经济目的而以机械加工取代头脑和双手的工作将败坏并最终毁灭艺术。"[3]

---

[1] Finer Ann，George Savage. *The Selected Letter of Josiah Wedgwood*[M]. London：Cory，Adams & Mackay，1965：82–83.

[2] John Byng. *The Torrington Diaries*，Vol. 3[M]. London：C. Bruyn Andrew，1934：81.

[3] 阿德里安·福蒂. 欲求之物：1750年以来的设计与社会[M]. 苟娴煦，译. 南京：译林出版社，2014：51.

尽管反对声音不断，工业化生产的趋势却已经无法阻挡。因此，有人尝试顺应时代发展，并寻找解决工业生产和艺术之间矛盾的方法。工艺美术运动的发起人威廉·莫里斯（William Morris，1834-1896）就曾提出“艺术需要与工业相结合”[1]的口号，希望更多的艺术家参与工业产品的设计环节中。

与此同时，随着称颂机器效率和形式、强调几何构图为特征的未来主义、风格派和构成主义等现代艺术流派兴起，进一步促进了机器美学的发展。现代设计先驱者们也开始探索新的设计理论，以适应现代社会对设计的要求。于是以主张功能第一、突出现代感和扬弃传统式样的现代设计蓬勃发展起来，奠定了现代工业设计的基础。1919 年德国包豪斯学校成立，进一步从理论上、实践上和教育体制上推动了工业设计的发展。[2]

自此，个体工匠或手工艺人失去了对整个工业流程的掌控，制造业形成了设计与生产的劳动分工。马克思（Karl Heinrich Marx，1818-1883）在其著作《资本论》（Capital）中曾经提到：“最终在以机器为基础的大工业中，生产过程的智力和体力劳动相分离。”[3]设计这门学科由此诞生。

2. 设计与市场的关系

虽然工业革命催生了“设计”概念的萌芽，但是，此时的“设计”并没有完全从“艺术”中脱离出来。对“设计”这个词汇，从

[1] 朱云飞．浅析工业设计之父——威廉·莫里斯的设计思想 [J]. 新西部（下旬．理论版），2011（9）：265+267.

[2] Iain Borden，Murray Fraser，Barbara Penner. *Forty Ways to Think About Architecture*[M]. Chichester：John Wiley & Son Ltd.，2014：112.

[3] Karl Marx. *Capital: A Critique of Political Economy*，Vol. 1[M]. London：Penguin Books Ltd.，1976：548-549.

词源学角度进行分析时，可以更直观地了解“设计”与“艺术”之间藕断丝连的关系。英语单词 design 源自拉丁语动词 designare，由前缀 de-（向下，向外）和动词 signare（标记）组成，后者其实就是词根 sign-（标记）的来源。单词 design 的字面意思就是“标记出来”，在艺术创作的图纸上把各种重要的尺寸与信息等进行标注，这就是 design（设计）。也就是说，“设计”最初不过是艺术创作中的一个步骤而已。

在福蒂之前，也有许多学者试图通过强调设计在经济层面的特性，使其与艺术彻底区分开。佩夫斯纳在其著作《现代设计的先驱者：从威廉·莫里斯到格罗皮乌斯》（*Pioneers of Modern Design: From William Morris to Walter Gropius*，以下简称《现代设计的先驱者》）中提到了一种研究思路，即从两者所服务的群体入手，将设计师与艺术家进行区分，进而将设计从艺术的桎梏中解放出来。按照这种研究模式，工业革命之前从事手工艺的劳动者可以大致分为两种人：第一种是那些服务于精英阶层的自由创作者。他们很少迎合消费者的喜好，只是单纯按照自己的审美标准对手工制品进行设计加工。佩夫斯纳举了一个例子，米开朗琪罗（Michelangelo Buonarroti，1475-1564）在为美第奇家族（The Medici Family）成员画像的时候，完全不尊重客观事实，而是将其画像按照自己的喜好进行修改[1]。艺术家们所关注的是如何通过作品来表达自己的理念，作品的艺术性是需要优先考虑的。第二种是处在社会下层、受过一定的艺术教育、长期从事手工业生产的普通工匠。他们的服务对象不再局限于社会精英阶层，更多的是面向底层民众。

[1] 尼古拉斯·佩夫斯纳．现代设计的先驱者：从威廉·莫里斯到格罗皮乌斯 [M]．王申祜，王晓京，译．北京：中国建筑工业出版社，2015：3.

当然，在工业革命发生前，自由创作者和工匠之间的区别并不是很明显，工匠偶尔也会做一些精美的艺术品供精英贵族们赏玩，自由创作者偶尔也会从工厂主那里接一些私活贴补家用。

不过，相比服务于精英阶层的自由创作者，工匠设计的产品艺术性较低，因为他们的创作往往受制于他们的雇主。与其说他们是在进行创作，不如说是这些工匠在完成商品生产中的必要步骤。对他们而言，设计产品满足客户的需求远比体现自我个性更加重要，如何迎合消费市场才是关键。从面临的困境来看，工匠更接近于现在“设计师”的角色，因为两者的创作都受制于市场和投资者。

可以说在某种程度上，佩夫斯纳已经证实了设计从艺术中独立出来的事实。但是，在解释推动设计发展的根本原因上，他并没有做出明确的回答。福蒂尝试着从生产结构的角度来对佩夫斯纳的研究进行补充。作为一种复杂的社会活动，工业生产是由许多复杂的环节组成的，需要大量的人力以及工种之间的配合，这远比强调个人的艺术创作要复杂。众所周知，工业化商品生产一共有三个环节：投资—设计—销售，这三个环节分别对应三种不同的群体，即投资者—设计师—消费者。三个不同的群体在合作的同时也在彼此制衡，形成了“三方博弈”的新型生产模式[1]。福蒂认为设计正是在这种合力（三个群体共同作用）推动下才稳定发

[1] 福蒂在《欲求之物》中强调“决定商品设计的是制造者和制造业，以及在商品社会中这两者与社会之间的关系”，设计师们从事的设计工作与其他两个群体“消费者”与“投资者”因此被关联起来。也就是说设计工作主要是涉及这三类人群。将这三个群体类比到福蒂在《词语与建筑物》一书中提及的“建筑师”“工匠”“投资者”以及“建筑评论家”组成的相互制衡的体系，因此命名为“三方博弈”。详见：阿德里安·福蒂．欲求之物：1750 年以来的设计与社会 [M]. 苟娴煦，译．南京：译林出版社，2014：3-7.

展的，单方面强调某一群体对设计产生影响并不合理。然而佩夫斯纳就过于强调“设计师”对于设计生产的重要性，过分突出设计师对产品或者设计的把控权。这明显反映在他的研究中，他所选取的研究材料主要来源于“设计师”对于产品的自我描述[1]。事实上，设计师在生产活动中并没有对设计的绝对控制权，产品的最终形态主要是受到市场制约的，只有受欢迎的产品才是资本家或投资者的首选。

以沃伊其（C. F. Annesley Voysey，1857–1941）的墙纸设计为例。沃伊其在 1893 年接受的一次访谈中，着重强调了自己的创作理念，谈到了他在融合英国当时各种流派理念时做出的努力；相反，对于为了迎合当地消费者，他设计的图案取材于当地的自然风貌，还有当时图案的选择受制于印刷工艺的局限等其他社会因素，他仅仅是一笔带过[2]。佩夫斯纳则将这些充满主观性的采访内容收录于自己的作品中，作为自己理论的佐证。

福蒂认为佩夫斯纳的研究目的是为现代主义建筑与设计建立理论体系，要让这个理论被大众所接受，需要迎合当时人们的观念。因此在关于设计的艺术性（设计师个人的灵感与理念）和市场性（生产因素与消费者市场对设计的制约）的主从关系上，他有选择地忽视了，这就造成他无法从根本上阐释设计从艺术中分离的原因[3]。

---

[1] 阿德里安·福蒂 . 欲求之物：1750 年以来的设计与社会 [M]. 苟娴煦，译 . 南京：译林出版社，2014：310–311.

[2] 尼古拉斯·佩夫斯纳 . 现代设计的先驱者：从威廉·莫里斯到格罗皮乌斯 [M]. 王申祜，王晓京，译 . 北京：中国建筑工业出版社，2015：108–110.

[3] 阿德里安·福蒂 . 欲求之物：1750 年以来的设计与社会 [M]. 苟娴煦，译 . 南京：译林出版社，2014：307.

诚然，设计师的确是这个产业链中重要的一环，但在生产流程中，他们只能够在两个环节中起到影响作用，即“迎合投资方和客户做出相应的产品”和“对设计的产品进行专业角度的评价”。在第一个环节中，设计师无能为力，永远只是被动的一方；但是在后续的“评价环节”中，设计师可以自由发挥，夸大自己的作用。因此，《欲求之物》中的研究资料很少采用设计师对于自己产品介绍的内容或者事后进行自我宣扬性的强调。在福蒂看来，设计师在整个设计环节一直是最被动的一方，他们甚至无权决定自己的设计是否能投入生产。福蒂曾在书中提到，1838 年曼彻斯特的印花商的抽屉里常年储备着 2000-3000 个印花设计方案，但事实上能被投入生产的只有不到 500 个[1]。所以，那些备受评论家吹捧的所谓“设计师的社会责任”成了伪命题。福蒂承认，他也曾花费大量的时间对设计师的生平和思想进行查证，可是当他从市场的角度对他们的设计进行分析的时候，却发现这些资料存在与否根本无足轻重[2]。

2.3 对宏观史学模式的批判

除了对设计这门学科的社会定位进行解读以外，福蒂还对历史学者采用类似研究生物进化史的方式来研究设计史发展进行了批判。正如前所述，生物进化史假定了设计发展具有生物遗传不

[1] 阿德里安·福蒂. 欲求之物：1750 年以来的设计与社会 [M]. 苟娴煦，译. 南京：译林出版社，2014：57.

[2] 阿德里安·福蒂. 欲求之物：1750 年以来的设计与社会 [M]. 苟娴煦，译. 南京：译林出版社，2014：307.

变的内在结构，并在此基础上逐步进化或前进。也就是说，这种模式下的历史发展具有某种内在本质（或者核心，或者时代精神什么的，等等）。福蒂对于这种模式下获得的研究成果的真实性表示怀疑。他表示："设计史学家为了规避研究中面临的某些无法解释的问题，将其解释为设计史发展类似于某种进化的过程……然而并没有证据表明有自然或机械法则推动其演进。"[1]

在支持生物进化史的历史学者看来，设计中的变化犹如设计的后面存在着某种基因结构，设计中的进步体现在设计产品的变化或者基因自我改善，总是积极地、正向地朝着更高级或更完美的形式演变。这种观点假定历史发展过程中存在着某种不变的结构，这与建筑界的操作性（Operative）历史[2]观念具有一定的相似性，属于宏观史学研究模式的范畴[3]。而在历史长河中，这种（静止）不变的结构（类似生物进化史学的基因与宏观史学中追寻的概念）并不存在，而是类似于维特根斯坦的家族相似性的

[1] 阿德里安·福蒂. 欲求之物：1750年以来的设计与社会[M]. 苟娴煦，译. 南京：译林出版社，2014：7.

[2] 操作性历史是由意大利学者塔夫里提出的。他认为历史应该建立在科学的文献调查分析上，在西方马克思主义指导下，从微观层面建构建筑历史，并扫除所有困扰不安的因素。而有的学者则采用先入为主的历史研究模式，先行确定理论框架（如反映时代精神），然后通过筛选研究材料反向证明自己理论的科学性，这种历史研究模式被塔夫里称为"操纵性"历史研究模式。详见：塔夫里. 建筑学的理论与历史[M]. 郑时龄，译. 北京：中国建筑工业出版社，2010：114.

[3] 宏观史学的研究对象主要是国家政治等宏观问题，其研究模式是通过一系列的历史研究寻找到一种抽象化的规律与概念，是一种总体式的研究方法。历史进化论强调历史中的基因结构本质上是在总结历史规律，是对抽象概念追求的体现。因此，历史进化论属于宏观史学研究的范畴。

（动态的）本质变迁。因此，历史的研究并不能先设定某一（静态的）理论框架，然后通过这种理论框架来剪裁史料或有意挑选适合理论框架的史料来曲解历史。

福蒂认识到这一点，于是反其道而行之。他放弃了追求抽象概念与宏大叙事的宏观史学研究方式，转而用琐碎的日常微观实践来充当史料。通过微观史学的研究方法，从企业的日常生产活动出发，从常见的细节入手，从而让读者更敏锐地察觉设计变化的规律。福蒂梳理了资本家或者企业家的书信、相关书籍、期刊，以及产品目录和宣传手册等第一手材料，来还原设计在整个生产体系中实际运作的过程，然后据此提出自己的观点。读者根据这些历史材料，就能初步拼凑出当时社会的全貌以及设计史发展的真实状态。

1. 概念引导的宏观史学

步入现代主义后，很多学者试图用宏观史学的研究方法来总结近现代历史的发展规律，佩夫斯纳就是其中的杰出代表。佩夫斯纳通过宏观史学的研究方式成功构建了现代主义建筑发展的框架，并在很长一段时间内成为后续历史学者参考学习的对象。正如一些国内学者评论的那样，佩夫斯纳在设计史研究中的地位是无法取代的[1]，其著作《现代设计的先驱者》横空出世，填补了设计史研究的空白。在书中，他以莫里斯发起的工艺美术运动为起点，以格罗皮乌斯（Walter Gropius，1883—1969）建立包豪斯学校为终点，把这一时期看作现代设计逐渐成熟完善的过程，并以此搭建了现代设计研究的基础框架。

在西方学术界，《现代设计的先驱者》有着难以置信的学术影

[1] 徐晨希．佩夫斯纳设计史思想研究 [D]．南京：南京艺术学院，2014：45.

响力。对此，《设计史期刊》（*Journal of Design History*）编辑丹尼尔·胡帕茨（Daniel Huppatz）曾经调侃道："如果你打算在欧洲的期刊上发表关于《现代设计的先驱者》的论文的话，那恐怕是不太可能了，因为研究的人实在是太多了。"[1]

佩夫斯纳的理论显然是受到当时盛行的黑格尔（Georg Wilhelm Friedrich Hegel，1770–1831）客观唯心主义哲学观的绝对精神学说影响。他借用黑格尔"时代精神"的理论，来解释设计史更迭的根本原因。佩夫斯纳和黑格尔一致认为在一个时代中存在某种客观精神，影响着历史与设计史的发展，设计史发展不过是时代精神外化的过程。这个理论看似十分合理，它似乎完美地解释了设计史在进入现代主义后几乎是转折式发展的原因，甚至能够通过它来解释现代主义带来的一切变化。佩夫斯纳曾经这样评论："如果现代风格与可以向我们揭示时代特征的私人财产的萎缩之间存在着相互关系的话，那么这只能是由于艺术以及经济学中都得到了表现的某种根深蒂固的时代精神而已。"[2] 在佩夫斯纳看来，历史正是由"时代精神"这个概念引导着一路凯歌前进的。

值得强调的是，佩夫斯纳的这一理论之所以获得传统史学界的广泛接受与认可，一方面是它符合当时人们的认知，另一方面是佩夫斯纳为了加强时代精神理论的说服力，特意在史料的筛选上下了很大功夫。他有选择地挑选那些与其主题相一致的史料，将丰富多彩的现代设计发展史修剪成反映"时代精神"的历史镜

[1] 王小茉，赵毅平．突破线性叙事与欧洲中心的设计史研究：《设计史期刊》编辑丹尼尔·胡帕茨采访访谈 [J]. 装饰，2018（11）：34–35.

[2] 大卫·瓦特金，周宪．尼古拉斯·佩夫斯纳："历史主义"的研究 [J]. 世界美术，1993（3）：46–50.

像——这些被筛选过的材料成为他的学术理论有力的佐证。在这个概念先行的宏观史学研究模式中，一切都要紧紧围绕概念展开，甚至包括研究史料的选择。

正如美国评论家马格林所评价的那样：“佩夫斯纳对他所调研的对象进行了严格的地域限制——调研的目标被严格限制在西欧或者说是英国……对于佩夫斯纳来说，研究是一种区分的行为，通过这种区分，以便把那些体现非凡品质（时代精神）的物体从普通事物中突显出来。”[1]

2. 宏观史学面临的困境

事实上，对于佩夫斯纳这种被建筑批评家曼弗雷多·塔夫里（Manfredo Tafuri，1935–1994）称为“操作性历史”[2]的研究模式一直存在着是否合理的质疑声，即使是佩夫斯纳最得意的学生班纳姆也认为“时代精神”并不合理。对此班纳姆曾经明确地表示：“我们为什么必须重写现代运动的历史？并不是因为历史有错误，只是因为它比真实情况要狭隘。”[3]因此，在班纳姆的作品中经常会出现并不符合佩夫斯纳的“时代精神”要求的流派与思想，这是他对老师佩夫斯纳的思想理论进行的补充。

当然，我们并不是否定佩夫斯纳在近代设计史编纂上获得的成功以及推广现代主义理论所做出的贡献。但不可否认的是，他成功地通过宏观史学编纂现代设计史的经历是几乎不可能被复制

[1] Victor Margolin. *Design History or Design Studies: Subject Matter and Methods* [J]. *Design Studies*，1995，11（13）：104–116.

[2] 塔夫里．建筑学的理论与历史 [M]．郑时龄，译．北京：中国建筑工业出版社，2010：114.

[3] 袁熙旸．前瞻中的历史，回望中的未来：雷纳·班纳姆的《第一机械时代的理论与设计》[J]．装饰，2010（2）：74–75.

的，这有以下两点原因：

首先，他所撰写的历史时间跨度相对较短。对此，日本建筑批评家五十岚太郎（Igarashi Taro，1967–）称佩夫斯纳和吉迪翁有可能是最后两个能够完整编纂现代史的历史学家[1]，他们所编写的现代史仅仅是从现代主义兴起到刚成熟的几十年时间。然而随着时间的推移，不同学科与不同思想之间产生了太多的碰撞，随着历史跨度的增大，线性的叙述方式难度呈指数倍增长。对于这种发散性的历史，历史学者很难在其中寻找到一种“不变的结构”（即引导历史发展的抽象概念），宏观史学的研究模式也因此无法成立。

其次，他成功的原因在于时机。那时现代主义刚刚兴起，历史学术界处于一穷二白的境况，他披荆斩棘般开拓性地建立了现代主义发展史的框架，存在这样或那样的问题都是合乎情理的。这些著作在很大程度上影响到了欧美的几代学者，启蒙了后辈新学的现代主义的探索。他的时代精神理论也在一定程度上是拓荒性知识生产，填补了当时学界的空白，正是因为如此，他的理论才会被轻易地广泛接受。

不过在进入现代主义后，历史学者的创作环境发生了翻天覆地的变化，采用宏观史学的方式研究现代史已经不现实了。因为进入现代主义后，出现的思想理念过于纷杂，历史学者们很难通过宏观史学总结出一个适应所有思想的普遍规律。对此，五十岚太郎在其著作《关于现代建筑的16章：空间、时间以及世界》中

[1] 五十岚太郎．关于现代建筑的16章：空间、时间以及世界[M]．刘峰，刘金晓，译．南京：江苏人民出版社，2015：114.

感慨道:“在进入现代主义后,书写通史变得非常困难起来。”[1] 因此,在进入现代主义后,宏观史学面临着巨大的困境与挑战。

3.《欲求之物》编纂模式的选择

与微观史学(自下而上历史建构)相对应的史学观,就是操作性历史(自上而下历史建构,包括上述生物史学进化观),塔夫里操作性历史所指向的现代建筑历史的写作,就是假设了历史后面存在着强有力的意识形态或者内在结构,所有过去的历史都是围绕着这个结构或者概念(如时代精神等)。塔夫里批评道,这不是研究归纳出历史规律,而是“臆造”了历史趋势,然后找证据证明;具体方法就是以某种理论框架或内在结构为基准,来对史料的取舍进行定夺,这样的结果就是为了迎合先入为主的理论框架,最后可能就是曲解史料。在《欲求之物》第四章《设计差别化》中,提到了吉迪恩(Sigfried Giedion,1888—1968)的历史观。在对美国一种可调节座椅的分析中,吉迪恩把可调节座椅的出现归结为“功能主义”和“设计师的创新”,强调理论框架和设计师的主导性。福蒂认为,这事实上不过是资本家追求利润的结果,而非吉迪恩的过度诠释[2]。

设计史不能只是设计师在专业范围内闭门造车般发展的历史,它不能撇开为设计师提供舞台的消费品工业的生产体系。福蒂还分析了导致上述历史写作的原因,如夸大设计师的作用或者强调时代精神等,但更主要的则是设计师书籍或者报道等相对于资本

[1] 五十岚太郎 . 关于现代建筑的 16 章:空间、时间以及世界 [M]. 刘峰,刘金晓,译 . 南京:江苏人民出版社,2015:114.

[2] 阿德里安·福蒂 . 欲求之物:1750 年以来的设计与社会 [M]. 苟娴煦,译 . 南京:译林出版社,2014:115–118.

家的决策过程资料更易获得。对设计师在产业中的作用过高估计的误导，使人觉得设计师可以在消费品生产中呼风唤雨，而现实窘境却是很多设计师在职业生涯中常常遭遇挫败感。

与佩夫斯纳的宏观史学不同，福蒂采用的是微观史学（自下而上历史建构）的研究模式。福蒂的学术研究综合了威尼斯学派以意大利批评家塔夫里为核心的西方马克思主义哲学传统[1]与英国经验主义哲学传统，由此形成了基于英国传统经验主义的微观史学写作模式，对日常生活和现实中的真实生活更感兴趣，而对基于抽象概念和系统建筑理论操作的排斥，形成了他的非精英式的建筑与设计的历史研究。

《欲求之物》整部书贯彻了这种研究方式，从不断演变的图像开始，到设计和机械化、分化和设计、清洁卫生，一直到设计和企业形象设计、设计师和文献设计，等等。在每个选定的主题中，讨论集中在一个特定的案例研究上，如韦奇伍德的陶器、威廉·利弗（William Lever，1839–1878）对日光香皂的产品开发和广告活动的想法，以及弗兰克·皮克（Frank Pick，1878–1941）对伦敦交通的设计赞助。福蒂试图从这些贴近人们日常生活的设计入手，寻找设计与市场之间的关联。

这种研究模式不仅仅是福蒂对突破佩夫斯纳所制定的框架的一种尝试，也是一种无可奈何的选择。意大利哲学家克罗齐（Benedetto Croce，1866–1952）曾经说过，“一切历史都是当代史／现代史”[2]，这其实道出了历史写作中的尴尬场面。这就是说，

[1] 阿尔贝托·罗萨．意识形态批判与历史实践[A]. 胡恒．建筑文化研究（8辑）[C]. 上海：同济大学出版社，2015：47–53.

[2] 朱光潜．朱光潜全集（第四卷）[M]. 合肥：安徽教育出版社，1988：364.

历史学家编纂历史都会留下自己时代的背景和个人立场。佩夫斯纳在 20 世纪 30–40 年代写作《现代设计的先驱者》的时候，冲突主要发生于传统观念和现代主义，为了迅速确立现代主义的正统地位，佩夫斯纳不得不选择一个当时人们容易接受的历史研究模式和历史观念，他的宏观史学研究方法与时代精神理论就是当时时代的产物。而福蒂写作《欲求之物》的时代是 20 世纪 70–80 年代，现代主义被后现代主义和解构主义冲击得凌乱不堪，正如日本评论家五十岚太郎说的那样："历史直线般笔直的进化变得不可相信。"[1] 因此，福蒂的写作自然从宏大叙事转向微观层面的描述。

2.4 福蒂对设计师崇拜的批判

福蒂强调，在该书中他尽量避免谈论设计师个人，因为这是一部强调设计的历史，而不是设计师个人职业与理念的书[2]。在以往的设计史研究中，历史学者都过分强调设计师个人对于整个设计产品的影响力，甚至在 20 世纪末期英伦三岛突然刮起了对设计师个人与"好的设计"崇拜的风潮。对此福蒂表示不解与担忧，他强调无论如何美化设计师，都无法掩饰在"三方博弈"中设计师是最被动的一方，所谓"好的设计"不过是设计师增强设计说服力的托词而已。

事实上，设计师坚信的"好的设计"未必真的像预想中那样

---

[1] 五十岚太郎．关于现代建筑的 16 章：空间、时间以及世界 [M]. 刘峰，刘金晓，译．南京：江苏人民出版社，2015：136.

[2] 阿德里安・福蒂．欲求之物：1750 年以来的设计与社会 [M]. 苟娴煦，译．南京：译林出版社，2014：307.

受欢迎。仍然以韦奇伍德的陶瓷为例，韦奇伍德发现相比于形式复杂、艺术性高的“皇后陶”而言，朴素的陶器更受客户欢迎[1]。在当时，皇后陶代表着欧洲陶器的最高水平，也更接近“好的设计”的评价标准。但是从市场上看，普通的陶器更加符合民众的需求——这也验证了福蒂的观点：“好的设计”的衡量标准应该是适应市场的要求，而不是符合设计师的审美。

1. 设计师个人崇拜的风气形成

工艺美术运动的发起者、现代设计之父威廉·莫里斯曾在其作品《生活之美》（*The Beauty of Life*）中表示：“千百万处于黑暗中的人将受到艺术的启迪，这种艺术由人民创造而又服务于人们，对于创造者和享用者来说都是好事。”[2] 在他的眼中，设计师的使命已经不单单是从事产品生产的一环那么简单，他们除了自己职业上的使命外，还有更重要的社会使命，那就是“带给人们艺术的启迪”与“通过设计造福于万民”。

英国教育界泰斗、英国美学学会主席赫伯特·里德（Herbert Read，1893–1968）也抱有同样的想法，而且在他看来设计师的使命除了要将这些具有艺术性的“好的设计”带给“处于黑暗的民众”，还要教会这些民众辨别什么才是“好的设计”。他曾经这样评论道：“我们一定要让公众自然地对那些设计精良的东西产生胃口。”[3]“如果我们能通过教育培养我们的孩子，他们的趣味就不

[1] Finer Ann，George Savage. *The Selected Letter of Josiah Wedgwood*[M]. London：Cory，Adams & Mackay，1965：377–378.

[2] 赫伯特·里德. 艺术哲学论[M]. 张卫东，译. 南京：江苏人民出版社，2019：58.

[3] 赫伯特·里德. 艺术哲学论[M]. 张卫东，译. 南京：江苏人民出版社，2019：59.

会败坏，而这种做出优良设计的天生直觉就会自由地展现，慢慢地我们时代和国家的整体趣味就会得到净化。”[1] 在福蒂看来，设计师想要做到的不仅仅是宣传科普，他们真正渴求的是通过“好的设计”来提升自我的价值，而不是设计品本身的价值。

福蒂举出了一个例子：1979 年，在伦敦海沃德画廊（Hayward Gallery）由英国艺术委员会（Arts Council）举办的一个大型展览会，会上展出了大量设计样本，这些设计品被标注上价格与其他艺术品摆放在一起，边上注释着作者的名字和其设计的理念[2]。举办者以展览艺术品的形式对“设计”进行展览，在他们看来，相比于设计品自身的价值，创作者的知名度带来的经济收益更加重要。可以说这些所谓的“设计品”创造价值的方式不再是投入工业生产而带来经济收益，它们更多的是作为“工艺品”结合其作者本身名气带来附加价值。与其说它们是“设计”,不如说是“收藏品”。“好的设计”使设计师的地位远远凌驾于普通民众之上，最终形成了社会对设计师的盲目崇拜。

当然，这种风气的形成也和当时英国的时代背景有关。从德意志制造联盟 1914 年在科隆举办大型展览开始，英国在设计领域的影响力就开始消退，随着之后到来的两次世界大战，英国设计行业的影响力降到冰点。英国政府意识到了问题的严重性，为了加强对外宣传，增加英国设计产品的知名度，政府大力推广这些符合“英国”形象的“优秀的设计”，推广的对象则是英国的学校、

[1] 赫伯特・里德．艺术哲学论 [M]．张卫东，译．南京：江苏人民出版社，2019：59.

[2] 阿德里安・福蒂．欲求之物：1750 年以来的设计与社会 [M]．苟娴煦，译．南京：译林出版社，2014：309.

各色商贩和英国的消费者们。在这种全方位的推广宣传下，“优秀的设计”这一理念不断地深入人心，伴随着英国经济的复苏开始在人们心里生根发芽。

撒切尔夫人（Margaret Hilda Thatcher，1925–2013）执政时期，大刀阔斧地推行改革，通过减少个人所得税，加强了“中等阶级”（受过一定专业训练的教育者、医生、教师等，包括设计师）所得利益。与此同时，英国政府进一步推广宣传设计产业[1]。种种措施下来，得到提升的不仅仅是设计师的经济收益，还有他们的社会地位，导致对“设计师的个人崇拜”和“好的设计”的推崇进一步加深。

2. 反对设计师个人崇拜的必要性

“好的设计”本身是对民众无害的，福蒂所担忧的是设计师对其鼓吹的动机——设计师希望通过自己的努力来对社会产生一定程度的影响。福蒂在他的另一本著作《词语与建筑物》中表示，19 世纪之前建筑设计师关注的是建筑作品的劳动质量，而 19 世纪之后关注更多的是其社会质量[2]。

对于建筑的社会质量概念的定义也是随着现代化的进程而不断改变着的，约翰·拉斯金（John Ruskin，1819–1900）在《建筑的七盏明灯》第五章《生命之灯》中曾经这样评价：“装饰工作中，他更多的关心的是建筑师们是否在雕工中感觉到愉快，如果工作

[1] 方中霞．撒切尔夫人及其内外政策 [J]. 现代国际关系，1985（1）: 30–36+64–65.

[2] 阿德里安·福蒂．词语与建筑物：现代建筑的语汇 [M]. 李华，武昕，诸葛净，等，译．北京：中国建筑工业出版社，2018：88.

得十分愉快，那么他们的工作一定是鲜活的。”[1] 由此可以看出，一开始建筑师们在设计环节中追求的不过是表达出自己设计的愉悦感。但是随着时间的推移，设计师的野心也越来越大，他们在潜意识中希望通过自己的努力来对社会产生一定程度的影响。

进入现代主义后，克里斯托夫・亚历山大（Christopher Alexander，1936- ）在他的作品《模式语言》（*A Pattern Language*，1977）中曾表达过建筑的价值在于能够让个体实现其作为社会层面的精神价值的观点，可以看出设计师对于争取早日登上社会舞台的迫不及待。

福蒂担忧的正是在设计师的诱导和政府的鼓吹下，身为消费者的民众会迷失在设计师精心编造的谎言之中，坚信设计师在生产环节中是无所不能的，对他们的理论坚信不疑，对设计师个人盲目崇拜，从而丧失自己的判断力。正如米尔格伦实验（Milgram experiment）[2] 所展现的那样，在合适的条件下，“组织化的社会环境”对人会产生相当深刻的影响[3]，过分的迷信权威早晚会对整个行业甚至整个社会带来不可想象的灾难。

---

[1]　约翰・罗斯金．建筑的七盏明灯 [M]. 谷意，译．济南：山东画报出版社，2012：154.

[2]　米尔格伦实验是一个非常著名的社会心理学实验，又称权威服从性研究。该实验于 1961 年由耶鲁大学心理学家史坦利・米尔格伦（Stanley Milgram，1933–1984）领导展开。实验旨在测试人们面对权威时，是否会遵循内心去拒绝那些非常理的要求。结果证明，在权威的压迫下，很少有人能够遵循自己内心的想法，大部分人都会照办权威的指令。纳粹屠杀就是典型的米尔格伦实验造成的悲剧，德国人民迫于权威违背良心去迫害无辜的犹太人，最终成为凶手的帮凶。文中提及这个实验旨在强调，人们如果过分迷信专家权威，反而会丧失自己的判断能力，最终形成悲剧。

[3]　柯云路．米尔格伦的实验 [J]. 中国质量万里行，2009（5）：93.

2.5 佩夫斯纳与福蒂之比较研究[1]

正如前文所述，设计历史可以追溯到远古的石器制作时期，之后陶器发展标志着手工艺设计的开始。而随着工业革命兴起，商品流通加快，设计作为迎合消费者趣味从而扩大市场的重要手段，无形中加速了设计行业的发展。随着商品经济的发展，市场竞争日益激烈，制造商们引进机器生产，以降低成本，增强竞争力。机械大生产促成了设计与制造的分离，导致手工艺行业的衰退，也催生出新的设计行业，并很快取代了中世纪手工艺行业的社会作用与地位。在工业革命之前，手工艺人既是设计者又是制造者；工业革命后，机器接管了制造的社会功用，而设计的任务就落在新的设计职业上，催生了现代意义上的设计师职业和群体。

在欧洲大陆，“新艺术”的设计思潮蓬勃兴起，设计师力图从自然界吸取灵感，来取代繁文缛节且呆板化的装饰之风。“新艺术”设计依旧是形式主义的，但致力于冲破古典传统，为 20 世纪现代工业设计解放了思想。1900 年以来，由于科技发展，新产品涌现，传统的装饰概念无法适应时代的要求，新功能要求新形式，而新的技术和材料则为实现新功能提供了可能性。现代设计先驱也开始努力探索新的设计理论，以适应现代社会对设计的要求。于是以主张功能第一、突出现代感和扬弃传统式样的现代设计蓬勃发展起来，奠定了现代工业设计的基础。德意志制造联盟与包豪斯成立，进一步从理论、实践和教育体制上推动了工

[1] 该小节文章来源于：王发堂，王帅．对峙中的融合：佩夫斯纳与福蒂的设计史研究 [J]. 建筑与文化．2020（7）：96-97.

业设计的发展[1]。

上述工业设计的发展简史勾勒出了现代设计的概貌，但是历史的写作却因历史学者的立场不同而呈现出多元化面貌。在早期，佩夫斯纳的《现代设计的先驱者》为读者梳理了现代设计史料，开创了“英雄史诗”的历史写作模式（即宏观史学观）。佩夫斯纳从设计师的观念创作勾勒出了一幅波澜壮阔的设计历史画卷，但是他的设计史由于理论盲区的缘故也屏蔽了一些史实。佩夫斯纳的这种现代史观被建筑理论家塔夫里称为“操作性历史”[2]，也就是在历史编纂中强调所处时代（即现在）的精神诉求，编写（过去的）历史用以投射（Project）未来的历史。此后，历史编纂方法开始从宏观史学观向微观史学观转移，福蒂的设计历史著作《欲求之物》就是从微观史学的角度来探讨设计发展的历史。福蒂撇开设计师，从企业家、设计师和商品生产的日常运作来梳理设计发展的历程，为我们展现了设计的另一个断面。从表面上来看，佩夫斯纳与福蒂的设计史编纂指导思想是针锋相对的。

1. 佩夫斯纳对设计史的探索

如果说有谁在设计史上的地位无法替代的话，佩夫斯纳爵士当之无愧。正如一些国内学者评论的那样，现在的设计史学家对其理论有推崇的，有反对的，但是绝对无法将其忽视。[3] 其著作《现代设计的先驱者》横空出世，填补了设计史研究的空白。他把莫

[1] 何人可．工业设计史 [M]. 北京：高等教育出版社，2010：112.

[2] 塔夫里．建筑学的理论与历史 [M]. 郑时龄，译．北京：中国建筑工业出版社，2010. 114.

[3] 黄倩，陈永怡．佩夫斯纳的设计史研究方法探析 [J]. 装饰，2013（9）：84.

里斯发起工艺美术运动到格罗皮乌斯建立包豪斯学校为止这段时间看作现代设计萌芽并走向成熟的象征，同时确立了现代设计研究的基础框架。除了对设计史精准的断代把握之外，佩夫斯纳对设计史的研究方法也值得我们研究。

从广义上来说，佩夫斯纳的历史研究手法属于宏观史学的范畴。相比于其他学者通过海量的资料总结历史发展规律的研究方法，佩夫斯纳采用了一种相反的研究方式。他认为历史的发展是由一种被称为“时代精神”的客观精神所控制，为了证明这种理论，他删减了那些他认为“错误的”“不正确”的资料，将历史修剪成了一条直观的、除了“时代精神”其他什么都看不到的线性主轴[1]。

除了这种操作性历史的撰写外，学者们评价最多的就是其对“英雄主义”的推崇。这种被称为“英雄史学观”的写作手法频繁出现在他的著作中，甚至《现代设计的先驱者》的副标题都是以莫里斯和格罗皮乌斯的姓名来命名的。他声称：“除了时代精神（民族性）外，设计师的个体性是绝对无法忽视的。”[2] 事实上，这种对个体的推崇也是因为其研究方法导致的无奈选择，因为如果继续按照传统历史写作手法，大事件的历史记录手法已经不再可靠。由于对历史的删减严重导致了历史的完整性被破坏，若想继续对设计史进行断代划分，活跃在“时代精神”这条主轴上的设计师便成为最好的选择——因为他们除了同样具有“大事件”的时间坐标性之外，也具有历史代表性。换句话说，英雄史学观

[1] 徐晨希．佩夫斯纳设计史思想研究 [D]. 南京：南京艺术学院，2014：26.

[2] 尼古拉斯·佩夫斯纳．现代设计的先驱者：从威廉·莫里斯到格罗皮乌斯 [M]. 王申祜，王晓京，译．北京：中国建筑工业出版社，2015：140.

的写作手法也是佩夫斯纳为了突出“时代精神”而不得不采取的选择。

2. 佩夫斯纳的探索对设计史发展的影响

虽然在欧洲学术界不乏对于佩夫斯纳批判的声音，但不可否认的是他对于现代设计史发展做出的巨大贡献。他对设计史谱系准确的划分与掌控做到了几乎完美。这种以一个人物为起点和以另一个人物为终点的英雄史学观的历史划分，符合当时人们对于历史的认知，获得传统史学界的广泛接受与认可——这在现代主义初期对现代主义理论的普及起到了良好的促进作用。

从另一个角度讲，通过佩夫斯纳对历史和素材的精心“修剪”，设计史被简洁直观地摆在人们面前，完美填补了“现代主义”出现而导致的欧洲意识形态上的思想断层。这使得学术界对于其理论的成熟性予以认可并接受。在他的影响下，更多的学者被吸引到这个“新型的”学科当中，对其进行了补充和壮大。

事实上，这种以个人传记为资料进行历史编纂的手法一般适用于研究艺术史，因为艺术家个人风格差异较大，很难串联成一部完整的历史。虽然不否认设计具有艺术的特性，但设计史的研究更多的要注意的是社会的环境，用撰写艺术史的手法编纂设计史实在有失偏颇，这也为设计史以后的发展埋下了深深的隐患。

3. 福蒂对设计史的探索

佩夫斯纳打造的现代主义发展的框架，在很大程度上影响了欧洲的学者们，对新一代学者对于现代主义的探索起到了启蒙的作用，其中阿德里安·福蒂就是受到佩夫斯纳影响的英国新生代理论学者的代表。他认为佩夫斯纳强调设计师是整个设计流程最关键的一环的理论严重脱离了现实情况，而且他采用的所有论据都并不可信。以此为契机，福蒂所著《欲求之物》试图脱离佩夫斯纳制定的框架，对设计史重新进行研究。

与佩夫斯纳强调的宏观史学不同，福蒂采用的是微观史学的研究手法。福蒂站在一名历史学者和工业设计师的角度来观察近代“消费品设计”历史发展，试图阐述社会各个层面对某一设计的影响，以及设计为了适应这些影响而不得不做出的一些妥协。在一定程度上，这本书改变了人们对于设计学的认知。可以说，这本书不仅是一本关于工业设计的百科全书，也是进入工业时代以后涌现的各种繁杂思想的缩影。这本书强调，步入现代以后，设计已经脱离了设计者以个体思想进行的掌控，这与佩夫斯纳强调设计师个体对于设计史的贡献的观点大相径庭。这种观点本身就把“英雄史学观”的影响降到了最低。

4. 福蒂的探索对设计史发展的影响

正如《现代设计的先驱者》一书在设计史中的地位一样，《欲求之物》一经出版，其新奇的历史研究方式就受到了众多史学家的追捧，对于市场和社会层面的重视更是让它成为所有踏入设计行业的新人手里的热门读物。

不可否认的是，在《欲求之物》中福蒂刻意忽视了设计师个人对整个环节的影响。这与他研究的方式有关，但是他自己也从不否认设计师个人的创造性对设计史的发展偶尔也会起到关键的作用。也可以说，这种刻意的无视也像佩夫斯纳对那些“错误的”与“无关的”历史进行删减一样，有着强烈的主观性色彩在里面。从某种角度来说，福蒂也是做了和佩夫斯纳同样的事情，不过这种事情我们无法指责，因为如果不经过筛选，历史创作根本无以为继。

从内容来看，《欲求之物》的研究对象是 19 世纪 80 年代到 20 世纪中期的所有消费品设计，故事的场所发生在英国，福蒂从“家庭、工厂、阶级、年龄、性别”各个角度对这些日常随处可见的

“消费品设计”与社会各种因素之间纠缠不清的关系进行了分析[1]。

虽然该书从出版到现在甚至不到40年，不过随着科技的进步，这些影响因素的范围逐渐扩大，社会复杂性随之增加，福蒂曾经的研究方法是否还能继续适应现在设计史发展的速度，确实值得商榷。

5. 对抗与互补

很多人都将福蒂视作反对佩夫斯纳理论的急先锋，不管是材料选择还是研究观点两者都是针锋相对。不过事实上福蒂本人从未承认过这一观点。

如前文所言，历史学者编纂历史都会留下自己时代的背景。佩夫斯纳在20世纪30–40年代写作《现代设计的先驱者》的时候，冲突主要发生于传统观念和现代主义之间，为了迅速确立现代主义的正统地位，佩夫斯纳不得不选择当时人们容易接受的历史写作手法和历史观念，他的英雄史观的历史写作模式正是时代的产物。而福蒂写作《欲求之物》的时代是20世纪70–80年代，现代主义的完整性被新的思潮彻底破坏，因此福蒂的写作自然从宏大叙事转向微观层面的描述；同时，他需要处理佩夫斯纳史学观快速扩张导致的一系列后遗症——在佩夫斯纳英雄史学观的鼓吹和英国政府政策的推动下，整个英伦三岛的上空都弥漫着一种对设计师个人过分崇拜的氛围。

显然，与其说佩夫斯纳和福蒂编纂了设计历史，不如说设计史通过佩夫斯纳和福蒂来展现时代观念的变迁。我们无法对这两种历史研究的方法做出孰优孰劣的评论，事实上与其说两者是对

[1] 徐敏．从《乡土中国》《欲求之物》看中西文化之别[J]. 艺术科技，2017，30（5）：186.

抗的关系，还不如将其解释为后者为了迎合时代的发展而不得不对前者进行补充说明更为恰当。

2.6 小结

福蒂在《欲求之物》中对设计师的作用或者强调时代精神的历史写作方式进行了批判。福蒂认为，这种写作方式会导致人们过高地估计设计师在产业中的作用，误导民众认为设计师在生产活动中具有呼风唤雨的能力。除此之外，这种学说也会误导那些新入职的设计师。他们刚步入职业生涯时，在工作中往往充满自信与自负，可是窘迫的现实与丰满的理想带来的巨大落差会给他们带来巨大的挫败感。《欲求之物》残酷地揭露了这一事实，明确地把设计这门学科在社会中的真实地位展现在读者面前，让这些新入职的设计师对自己未来的工作能早些做好心理准备。

除了对设计这门学科的社会再定位之外，在对现代设计史的编纂上，《欲求之物》也为历史研究者提供了新的思路。在福蒂看来，由概念引导的历史是那些历史学者根据自己的喜好定做的设计史，内容与材料过于主观，并不可信。宏观史学的研究模式过于简单抽象，不适用于构成极为复杂，涉及市场、投资者甚至科技人文等众多社会因素的设计史学研究。福蒂通过微观史学的研究模式让设计史得以层次鲜明地剖析展现在读者面前。微观史学通过对日常生活进行历史考古，让历史研究的可信度远超前者。这种对于设计与艺术关系的思考以及微观史学的历史写作模式被许多历史学者与设计师效仿，例如由美国学者保罗·克拉克（Paul Clark）与朱利安·福瑞曼（Julian Freeman）共同创作的《设计速成法》（*Design: A Crash Course*，2000）就继承了福蒂的历史研究模式。[1]

尽管《欲求之物》的历史地位与研究价值毋庸赘述，但是这并不能掩盖其缺陷。首先在内容完整性上，该书就存在着缺陷。现代主义后，设计发展的迅速程度让我们难以想象。各种思想和理论每天都在涌现，而该书在 1980 年就已经完成手稿，但是直到 1986 年才在泰晤士与哈德森公司（Thames & Hudson）正式出版，期间存在长达 6 年的空白，书中很多观点和论据都值得进一步发展与探讨。

其次，我们对福蒂过于忽视设计师在设计中的作用也持有异议。在《欲求之物》中，福蒂把消费者描绘成被“奸诈的设计师”用最新的推销伎俩蒙骗的角色，不管是在家务劳动中还是在办公生活中永远都是被厂家与市场牵着鼻子走的受害者的形象。但事实上，消费者也有自己的消费倾向，而且远比福蒂描述的复杂。而且在对设计师的描述中，福蒂通过煽动性的语言将设计师的追求曲解成他们对社会地位提升的渴求，过于以偏概全。我们认为设计师无法做到彻底的公正，但是他们一直能够忠实地遵照商品与消费市场之间的关系进行设计创作，人们不该对其盲目听信，也不应该过度怀疑。事实上，“视觉上有吸引力”的产品会带给人们更多的乐趣与享受。

---

[1] 由保罗·克拉克与朱迪安·福瑞曼共同创作，于 2000 年出版的著作《设计速成法》（*Design: A Crash Course*，2000）从另一角度为我们分析了设计与艺术的区别。在书中作者一直在探讨设计与发明有什么区别，一个灯泡究竟算是设计还是发明？设计开始于哪里，艺术又止于何处？保罗探讨了诸如形式如何发挥作用或如何受到奇思妙想的启发，以及街头风格和消费文化如何影响设计等问题。该书探索的领域与《欲求之物》相似，都是天马行空没有规律，从生活必需品到高科技的汽车飞机，每个领域都有探索都有涵盖，为我们拼凑出一个科技发展蓬勃、信息内容爆炸的新时代。

03

第三章

《词语与建筑物》解读

在远古时期，原始人类就像生活在森林、洞穴里的野兽一样，过着茹毛饮血的生活。在一天夜里，一场猛烈的暴风雨肆虐这些远古人类居住的森林时，一场火灾发生了。面对熊熊烈火，我们的祖先们惊恐万状四散而逃。然而，当其中有些人从最初的恐惧中恢复过来时，他们感觉到火焰散发出的温暖，他们走近火堆，开始往里面扔更多的木柴。这些人用手势把火的优点传达给其他人……他们三三两两围在火焰旁边，为如何防止火焰不被下一场暴风雨所熄灭而苦恼。他们中的一些人用树叶做成庇护所，另一些人在山脚下挖出洞穴，还有一些人用树枝和泥土模仿燕子的巢穴搭建最原始的房屋。[1]

这段文字援引自古罗马建筑师维特鲁威（Marcus Vitruvius Pollio，约公元前 80- 公元前 20）的著作《建筑十书》（*De architectura*）第二书，描写的是远古人类以发现火焰为契机，创造出最原始的语言与建筑。维特鲁威用富有感染力的语言为读者们描述着这样的画面：在远古时期，人类祖先面临着从天而降的大火手足无措，四散而逃。大火过后，一些富有冒险精神的人重新返回火焰肆虐后的森林，从余烬中找到了残存的火种，并惊喜地发现这些跃动的精灵能够带给他们温暖。于是，他们笨拙地向同伴们吼叫着，打着手势试图向那些惊恐的同伴传递这样的信息：

[1] Marcus Vitruvius Pollio. *On Architecture Book II*[M]. Trans. Richard Schofield. London：Penguin Classics，2009：37–38.

“我们需要这种看似危险的东西来取暖过冬。”这也是人类祖先最原始的语言。

火带来的除了交流沟通之外，还教会人类祖先如何对空间进行划分。寒冷的冬天，原始人类披着兽皮瑟瑟发抖，能够维系他们度过这个冬天的除了身上单薄的遮蔽之物外，只有火堆。火焰向外产生热辐射，热量通过大气传播。火堆在凛冽的寒风中创造了一个人类可以通过知觉感知到的空间。这个空间无形却真实存在着，人们能够通过温度感受但又无法看见与触碰，于是早期的人类学会了利用热强度对空间进行划分，即火堆旁的空间与远离火堆的空间。随后的人类试图通过可见的木材、石块将这个模糊的范围进行限定与封闭，获取更充足的热量，于是建筑的雏形诞生了。

维特鲁威用火的诞生暗示着，早在远古时期人类最伟大的两项发明——语言与建筑就产生了联系。把语言与建筑进行联系绝不是维特鲁威心血来潮，事实上有很多人都对此进行了尝试。正如福蒂所说的那样：“早在古典建筑时期，语言和建筑的组合就已经相当成熟，16–19 世纪为了评价古典建筑，人们甚至发展出了一套属于自己的专有术语。”[1] 语言与建筑的关系远比人们想象中的紧密，人们通过语言来评价建筑，语言又通过评价建筑的过程来拓展自身，两者如同 DNA 的双螺旋结构一样，彼此独立平行，但又一起进步发展。

但是，这两门学科在进入现代社会后，彼此的关系似乎发生了某种变化。福蒂敏锐地察觉到这两门学科的发展轨迹在某种程

[1] 阿德里安·福蒂．词语与建筑物：现代建筑的语汇 [M]. 李华，武昕，诸葛净，等，译．北京：中国建筑工业出版社，2018：19.

度上发生了重合，于是他对词语进行了考古式的研究，梳理清楚这些现代建筑核心词的演变，以及这些演变借助隐喻等手法进行的意义迁移。弄清了这些词语的演变，相当于清楚了现代建筑核心概念的形成过程——现代建筑的形成仰仗这些核心词语获得意义的过程。因此，当读者把核心词语的意义演变史弄清楚了，一部现代建筑史也就跃然纸上。

3.1 《词语与建筑物》

在本章中，我们主要对福蒂于 2000 年出版的《词语与建筑物》（图 3–1）一书进行分析与解读。该书分为两部分：前一部分福蒂参考罗兰·巴特（Roland Barthes，1915–1980）分析时尚评论的模式，建立了评价现代主义建筑的语言体系。然后分别介绍作为这个体系中一部分的语言与图是如何在建筑学中承担作用，以及这个体系中词语的演变机制（隐喻），属于理论探讨部分。后一部分则是一部历史和批判的词典，这部词典由现代主义建筑批评的核心词语构成。在该部分中，福蒂一共列举了 18 个涉及现代主义建筑的词语，福蒂把这些现代主义语脉中的词语按照字母的顺序进行排列，以词典的形式汇总起来。值得一提的是，这里出现的并非单指由于现代主义建筑内在要求而被创造出的词语，也包括那些从其

图 3–1 《词语与建筑物》（2000 版）

他体系中融入现代主义建筑评价体系的词语。有的词语是早已经存在于古典建筑评价体系，只不过在古典建筑迈向现代建筑的过程中词义发生了变形；有的词语则是诞生于其他学科而被迁移到建筑领域。

《词语与建筑物》(2000版)第一部分包括6章，围绕图、语言和建筑的关联性展开，其中3～5章主要介绍的是在语言或者词语的拓展中所涉及的一种修辞手法——隐喻。一般来说，“隐喻”通常被理解为修辞学层面的修辞手段，用来增强语言表达的效果。在很多人的头脑中，隐喻可能是诗意的联想与语言辞藻化的策略。显然，修辞被当作语言文字层面的技巧，而非思想的固有本质。事实上，隐喻并非仅仅是修辞手段，而是人类思维活动过程的某种机制，用于理解抽象概念以及事物的重要原则。

隐喻深深地内化、隐藏于人类的思维结构之中，也就是说，隐喻就是人类思维结构的一部分，统辖着人们的日常思维，主宰着人们的一言一行。有语言学家认为：“不管是在语言上还是在思想和行动中，日常生活中隐喻无处不在，我们思想和行为所依据的概念系统本身是以隐喻为基础的。”[1] 人们理解复合概念或事物的过程其实就是隐喻“映射”的过程，或者说通过中介使得意义得到合乎逻辑的“搬移”，这样就达到了通过其他事物来理解和体验当前事物的知识扩大化的目的。

人们对于建筑领域新生概念的理解也需要这样一个过程。人们把其他学科具有相似性的概念向建筑领域迁移，通过隐喻的方式进行理解诠释，最终实现现代主义建筑语汇的扩充。

---

[1] George Lakoff，Mark Johnsen. *Metaphors We Live By*[M]. Chicago & London：The University of Chicago Press，1980：3.

对这些词语进行历史考古式研究，相当于从历史学的角度讲述这些词语演化的过程。从这个意义上来讲，福蒂的词典就是现代建筑史无数个侧面的演化历史。这些现代核心建筑词语演化史的叠加，就是一部现代建筑史。

3.2 语言—图—建筑评价体系

长久以来，建筑师们一直在寻求一个等式的答案：建筑 = 建筑物 +X。从某种角度来讲，这不仅是建筑学的问题，也是哲学上的问题。在《词语与建筑物》中，福蒂试图给出一个解答，那就是 X= 语言[1]。或许这个答案有些出人意料，但仔细想来也在情理之中，因为对建筑的分析与解读从来就离不开语言的描述。

为了加强建筑与语言之间的联系，福蒂参考罗兰·巴特解析时尚与语言之间关系的分析模式，创造了“语言—图—建筑评价体系”。巴特的著作《时尚体系》(*The Fashion System*，1967）基于时尚学提出，时装的评论是通过由产品（时装）、图像（时装摄影）和语言（时装评论）三要素构成的“时装评价体系”来进行的[2]。当这个体系被迁移到建筑领域时，三要素则转变为建筑、建筑图像、建筑评论。

从严格意义上讲，与罗兰的时尚评价体系稍有不同的是，这个评价体系作用于建筑需要分为两个阶段：建筑完成前，该体系的

[1] Iain Borden，Murray Fraser，Barbara Penner. *Forty Ways to Think About Architecture*[M]. Chichester：John Wiley & Son Ltd.，2014：33.

[2] 阿德里安·福蒂．词语与建筑物：现代建筑的语汇 [M]. 李华，武昕，诸葛净，等，译．北京：中国建筑工业出版社，2018：5.

作用在于指导施工，传递思想；在建筑完工后，该体系对建筑则是进行描述评价。在不同阶段，语言与图的作用都有些许差别。但是无论在哪个阶段，相比于语言，建筑从业者们更喜欢通过“图”来表达自己的设计理念和建筑的设计意象。

正如伯纳德·屈米（Bernard Tschumi，1944-）评价的那样：“如果没有图，建筑也就成了无根之萍。”[1] 建筑师对于“图”的执着由来已久，早在 19 世纪初期，法国建筑理论家让 - 尼古拉斯 - 路易·迪朗（Jean-Nocolas-Louis Durand，1760-1834）就强调说：“图才是建筑天生的语言。”[2] 在一些建筑师看来，语言似乎是多余的，建筑图才是他们真正需要的工具，而语言似乎是可有可无的存在。

对此福蒂则抱有不同的想法，他通过这个语言—图—建筑评价体系，将图定位成填补语言不足的工具，重新把研究的重心转向为建筑与语言之间的关系。

1. 图与语言

在古典主义时期，建筑师兼建造者在现场直接指导施工，在建造过程中图可能处于辅助作用[3]。需要强调的是，按照类型划

[1] Bernard Tschumi. *Architecture and Disjunction*[M]. Cambridge：The MIT Press，1996：81.

[2] Jean-Nocolas-Louis Durand. *Récis Des Leçons D'architecture Données À L' é Cole Royale Polytechnique Volume I*[M]. Charleston：Nabu Press，2012：32.

[3] 福蒂教授几个术语的说明：图在这里有三层意思，包含草图（Draft）、图纸（Drawing）和图像（Photography）。语言在不同场合有不同的说法，在涉及建筑层面时是用“语言”（Language），当涉及建筑内部时多用“词语”（Words）一词，在官网的自述中还用了口头语“the verbal discourse”这个词。

分，图分为草图（Draft）、图纸（Drawing）和图像（Photography）。图像是写实的，偏向对实物进行整体性描述；草图是抽象的，偏向阐述概念逻辑；图纸则介于两者之间，通过抽象的投影图对实物的细节进行详细描述。

事实上，直到文艺复兴之前，并没有“图纸”这个概念。这是透视学科进步的产物。但毫无疑问，图纸的诞生是对于建筑师脑力劳动的肯定，但这也无形中将建筑生产工作进行了进一步的社会分工，即脑力劳动（建筑设计）与体力劳动（建筑施工）。

一个完整的设计过程应该是这样的：设计师通过思考将抽象的想法绘制成草图，并在草图的基础上加工深化，最终形成图纸。施工者以图纸为参考，进行施工。我们可以从上面的过程中看出，草图与图纸是只有建筑设计师才能掌握的工具，并且建筑师对其拥有绝对的话语权。而图像反映的内容过于直白客观，建筑设计师反而不容易进行操纵，这也许是柯布西耶喜欢草图而冷落图像的原因吧。

更重要的是，图纸兼具抽象与具象的特性，把建筑师的思想（抽象）与实际建筑（具象）连接起来，赋予了建筑师知性的地位（知识分子）。因此，在当前盛行的观念中，一致认为建筑和建筑艺术是基于图或者图像的艺术。甚至有极端的说法，即“没有图就没有建筑”（屈米）和“图是建筑唯一的媒介”（斯卡帕）。

毫无疑问，在建筑表达方面，图是第一位的，语言居于第二位，语言是从属于图的。图可以精确地再现建筑，而语言只能是含义模糊地转述建筑。福蒂写道：“在图自命投射了现实的地方，语言却将现实抛诸脑后。语言允许意义的指代，鼓励此事被看作彼事（隐喻），激起建立在意义基础上的潜在模糊感，而这种意义，图只能是直白的表达。”[1] 显然,图的精确性和相似性层面在再现建筑物时具有无比优势，但是在讨论建筑学观念时，语言的指代性和模糊性就立即获得了独特优势。

因此,图与语言的优势要根据所讨论对象而定。在《建筑叙述:事实或虚构》中，认为语言处理的是建筑物不确定性的层面，在表达建筑物真实性方面较差，但是它可以概括或描述建筑整体[2]。正是由于不确定性的“模糊”层面，给建筑物的想象或者赋予意义提供了空间；而对于图或照片表达建筑物的真实性是确定性的事实层面，呈现真实。因此，在图或照片永远是表达建筑物的部分，正如一栋建筑物可以拍出无数张照片或绘制出无数张图（即二维与三维之间不可调和矛盾，即对象的真实性不会被现象性表现所穷尽[3]），永远在接近建筑物的整体或真实，但是无法再现整体或者真实。

福蒂讨论了图与语言在建筑学的功用和优势之后，转向了对语言与建筑关系的讨论。语言的基本单位是词（Words），这里的词是建筑历史中形成的核心词语，这样《词语与建筑物》的研究就顺理成章。《词语与建筑物》讨论的是语言中（建筑核心）词语和意义之间不断变化的现象——意义对词语追寻和词语对意义的摆脱。雷蒙·威廉斯（Raymond Williams，1921–1988）在其专著《关键词:文化与社会的词汇》(*Keywords: A Vocabulary*

---

[1] 阿德里安·福蒂.词语与建筑物:现代建筑的语汇[M].李华，武昕，诸葛净，等，译.北京:中国建筑工业出版社，2018:27.

[2] 马克·卡森斯，陈薇.建筑研究01[M].北京:中国建筑工业出版社，2011:20–22.

[3] Iain Borden，Murray Fraser，Barbara Penner. *Forty Ways to Think About Architecture*[M]. Chichester: John Wiley & Son Ltd.，2014: 18.

of Culture and Society）中说，这是从语言层面显示社会与历史的变迁[1]。福蒂借用了威廉斯的宗旨，即从语言层面考察建筑学的历史进程。

2. 语言在建筑评价中的作用

> 我的主要目的是，以一种或多或少的直接的方式，逐步地重建一种意义体系，即尽可能少地求助于外部概念，甚至是语言学的概念。但是作者本人在这个过程中遇到了很多的困难与障碍，这些障碍是无法被掩饰遮盖的……我们不再继续研究“时尚的本体”（Real Fashion），而是尝试去研究那些“被书写出来的时尚”（Written Fashion）……因此文字所管辖描述的已经不是那些真实事物了。事实上，文字是在描述那些已经按照一定特征构成的系统。因此，分析的对象不是一个简单的术语；这是一个真正的准则，即便这些文字是被口述的。[2]

上述文字节选自巴特的著作《时装体系》的序言部分，里面叙述了他试图绕过语言去建立一个评价时装的体系，但是毫无疑问失败了。巴特在研究的过程中发现，研究对象逐渐偏差，研究的内容已经不是“时尚的本体”，取而代之的是那些已经被人研究过的、书写出来的时尚，即时尚的历史。于是他意识到文字在这

[1] Raymond Williams. *Keywords：A Vocabulary of Culture and Society*（Revised Edition）[M]. New York：Oxford University Press，1983：23.

[2] Roland Barthes. *The Fashion System*[M]. Trans. Matthew Ward，Richard Howard. California：University of California Press，1990：X.

个评价过程中起到的不是描述性的功能，而是一种将具体事物总结为普遍规律的作用。正如福蒂在书中所说："建筑评论本质上是一种批判性的写作过程，而批判是通过一系列抽象过程进行的，即通过一种明显的将具体事物转化为抽象普遍性的过程。"[1] 也就是说在这个体系中，语言主要起到的是一种总结性的批判，描述事物细节并非它的强项。

事实上，人们可以通过生物学的类比来发现语言批判是如何对建筑这项复杂的人类活动产生作用的。法国生物学家格拉斯（Pierre-Paul Grassé，1895-1985）于 20 世纪 50 年代提出了一种理念叫共识主动性（Stigmergy），又叫费蒙式协同动[2]。这种机制被用来解释许多社会性昆虫（白蚁）协调建筑活动的机制。白蚁在建造白蚁丘的初期，会将一团信息素浸透的小球沉淀下来。其他的白蚁感应到小球，就会反过来做出反应，沉积更多的小球，最终形成一个体积巨大、空间复杂的蚁丘。白蚁通过将信息置入建筑材料来进行信息传递，在没有建筑图纸的情况下协同完成这项几乎不可能完成的工作[3]。白蚁的信息素起到了类似人类语言的作用，协助白蚁进行种群之间的交流。但是两者毕竟有所区别，

[1] Adrian Forty. *Words and Buildings: A Vocabulary of Modern Architecture*[M]. London: Thames & Hudson，2000: 22.

[2] 共识主动性又称费蒙式协同动，是法国生物学家格拉斯用这种理论用来解释生物个体是如何在没有统一指挥与互相交流的情况下，对自身的行动进行修正，从而合作完善群体生态环境的。刚开始这个理论是研究白蚁如何筑巢的纯生物学理论，之后这一理论被引申到社会学、心理学等学科，用来解释人类的行为活动。

[3] Scott Camazin，Jean-Louis Deneubourg，Nigel R. Franks，et al. *Self-Organization in Biological Systems*[M]. Princeton: Princeton UP，2001: 24.

人类使用语言具有主观性，而白蚁对信息素的解析不过是遵从本能罢了。

法国哲学家米歇尔·塞雷斯（Michel Serres，1930–2019）把白蚁的费蒙式协同动机制与人类的建筑活动进行了对比：“白蚁在一开始将沾染了信息素的黏土球零散堆积，这个过程就好像人类在海岸线附近建立起零星的城镇[1]。”他强调这种机制与指导人们进行建筑行为的语言具有相似性。

语言和城市常常被视作人类身为万物之灵的有力证据，但事实上白蚁也具备相似的要素，为什么它们只能搭建一个空间复杂却结构单调的蚁窝，而人类却能在建筑与城镇的基础上发展出功能复杂的城市群落呢？因为白蚁只能通过生物本能对碎片做出反应。事实上，白蚁之间通过合作建造了一个它们根本无法理解的结构。而人类则是总结出建筑的建造规律，并通过某种介质一代代地把通过建筑活动所获得的经验传承下去。在这种介质作用下，人类把遮风避雨的本能发展成了一种审美的艺术，那些简陋的洞穴逐渐演变成了各具特色的建筑，进而形成独具特色的城市聚落——这种化腐朽为神奇的介质就是“语言”。

语言对建筑的指导作用在人类神话中也有所体现，《圣经·旧约·创世记》第十一章记载，洪水劫难过后，上帝以彩虹为信物，与人类立下誓约，发誓绝对不会再用洪水毁灭大地。人类却不再相信上帝的誓言，所有的人类部族联合起来，试图建造一座通往天堂的高塔——巴别塔（Tower of Babel，又称巴比伦塔），直面上帝与其谈判。上帝对于人类的狂妄感到愤怒，也对人类的能力

[1] Serres，Michel. *Rome：The First Book of Foundations*[M]. Trans Randolph Burks，London：Bloomsbury Academic，2015：2.

感到恐惧，因此，他悄悄地将人类分散到世界各地，并改变他们的语言，让其无法相互沟通，最终导致巴别塔计划彻底失败。

当从客观的角度审视这个神话，剥去它宗教层面的伪装，会发现指导建筑生成的过程是语言，人类只有通过语言沟通，才能团结在一起，完成可以通往天堂、直面真神、成就堪比奇迹的伟大工程。而没有语言在人类生产活动中的指导，建筑永远都是没有灵魂，仅仅是出于人类躲避风雨本能而出现的窠臼，永远都是无法完成的“巴别塔”。福蒂用他的方式回答了开篇问题的答案，即“建筑 = 建筑物 + 语言”。

3. 语言在体系中的局限性

福蒂认为现代主义建筑并不仅仅是新形成的建筑风格，更是一种新的评价建筑的方式[1]。但事实上，在这种新的评价方式中，语言并不是万能的。因此，福蒂在分析这种评价模式的同时，还对其进行了进一步的限制。该书全名是《词语与建筑物：现代建筑的语汇》，它的副标题十分耐人寻味。福蒂将语言与建筑的关系限定于现代主义这个特殊环境背景中。但值得强调的是，这不意味着福蒂认为只有在现代主义语境下，语言与建筑的关系才成立。

福蒂强调，语言与建筑构成的评价体系并非现代主义独有。早在 16-19 世纪，欧洲古典建筑就有了属于自己的评价体系和专属词语。当然从那时起，语言在建筑评价中的局限性就已经初露端倪。那个时期的建筑评论家们已经察觉到语言与建筑的组合并非想象

[1] Adrian Forty. *Words and Buildings: A Vocabulary of Modern Architecture*[M]. London: Thames & Hudson，2000: 19.

中那么完美，但也绝对没有遭到现代学者们那样的过度排斥[1]。

福蒂认为词语饱受学者质疑的最大原因在于艺术具有排他性。艺术家们默契地达成了一个共识，即每种艺术都有自己的媒介来证明自己的独特性，就好像美术只有通过绘画、雕刻需要通过雕塑、建筑通过建筑物一样。每种艺术都有独属于自己的途径来表达它自己的艺术性。艺术家们认为当一件艺术品不得不通过语言向其他人展示自身的时候，就说明这件艺术品作为传播作者思想的媒介是不称职的，这也是艺术家们不想看到的。换句话说，当艺术作品或者建筑物给人带来的感官感受与语言带来的感官感受完全相同的时候，可以说，艺术已经失去了它的魅力，语言完全能随时取代艺术[2]。

对此，罗宾·埃文斯（Robin Evans，1944–1993）做出了精准的评价，他认为那些拒绝将语言和建筑关联起来的人只是盲目追求视觉纯粹性。这些人对于视觉纯粹性的渴求源于畏惧建筑被另一种强大的媒介——语言所吞并。但是，即使把建筑拘囿于一个封闭的环境，与让它与语言分离，绘图也将代替语言的位置而成为建筑与外界交流的媒介[3]。

除了艺术家对于语言的排斥之外，从建筑师的角度而言，对于语言本身也是排斥的。如果说工业设计是一个投资者—设计师—市场（或消费者）的三方博弈过程，那么建筑设计要更加复杂，因为其在三方博弈的基础上增加了一个语言建筑师。福蒂援引约

[1] Adrian Forty. *Words and Buildings：A Vocabulary of Modern Architecture*[M]. London：Thames & Hudson，2000：20–21.

[2] Adrian Forty. *Words and Buildings：A Vocabulary of Modern Architecture*[M]. London：Thames & Hudson，2000：20.

[3] 罗宾·埃文斯．从绘图到建筑物的翻译及其他文章 [M]. 刘东洋，译．北京：中国建筑工业出版社，2018：110.

翰·埃弗兰（John Evelyn，1620-1706）的理论说："建筑艺术体现于四种人身上，第一种是主创建筑师，第二种是主顾，第三种是工匠以及体力劳动者，第四种则是语言建筑师。"[1]

建筑师对于语言建筑师的出现，一直是纠结的态度，他们对语言建筑师既依赖又抵触。从某种程度上讲，语言建筑师的出现确实弥补了建筑师对于语言掌控力的不足，但与此同时也打破了建筑师的垄断地位，把他们置于一个尴尬的位置。

4. 图在建筑评价中的作用

福蒂模仿巴特的时尚评价体系，建立属于建筑的评价体系。他试图把图加入"建筑—词汇"这个组合中，形成"语言—图—建筑"的评价体系。在这个体系中，图以其精确性再现建筑，语言只能是含义模糊地转述建筑。如果要用一个词语来形容图在该体系中所扮演的角色的话，我认为"传递思想的中介"最合适。福蒂曾经评价说图可以是一个整体的媒介，思想经过它就像光穿过玻璃一样不受干扰[2]。

当然，也有些建筑师对此并不认可，认为图的存在妨碍理念的传递。他们认为，人们对于图的关注远远大于设计本身。甚至有些建筑师尝试摆脱图的束缚，用纯语言来投射建筑设计。福蒂认为由语言投射生产建筑作品虽然并非不可能，但其结果很有可能会因人们根据文字在脑海中投射出不同的影像，从而产生完全不同的建筑作品。与图纸这种精确传递信息的媒介相比，语言充

[1] John Evelyn. *The Diary of John Evelyn*[M]. London：Oxford University Press，1959：11.

[2] 阿德里安·福蒂. 欲求之物：1750年以来的设计与社会[M]. 苟娴煦，译. 南京：译林出版社，2014：31.

满想象力的缺点会被无限放大[1]。

为了减少图对人们注意力的干扰，福蒂认为身为建筑师，所谈论建筑的图更需要强调的是图纸，而非图像。图纸相比图像具有不可比拟的优势，它在具有图像的准确性的同时，也具有抽象性，更重要的是它有着绝对的专业性。平面图、立面图、轴测图的视角是“虚假的”“抽象的”[2]。外行人很难通过图纸准确地复刻出建筑的轮廓样式，因为这是建筑师的专属工具。

福蒂认为图对于建筑师而言，首先是一种表达自身理念的工具。在很多时候对于这个工具的过于精雕细琢反而使人降低了对于建筑师更为根本的东西——建筑理念——的关注。柯布西耶对于充满了阴影的渲染图极为反感，相比之下他更欣赏线描图。

事实上，人们很难通过图纸上夸张的透视关系认知建筑的造型，反而对于“空间”“流线”这些抽象概念的理解更加直观。更重要的是，图纸作为媒介，在信息传递上比图像更为精准。建筑师的工作是将抽象的理念向施工者进行准确的传达。而渲染图则本末倒置，对于设计而言没有太大的帮助。因此，有些设计者认为图像会降低设计工作的价值。

如果进一步分析，图纸是如何作为“传递媒介”而工作的话，可以这样理解：设计师把纸张当作建筑的壁面，用阴影的角度与深浅来暗示建筑表面各个部分的形状与凹凸。图的描绘可以被视作建筑在石材上进行雕刻的预演。作为传递思想的工具，图可以把

[1] Adrian Forty. *Words and Buildings：A Vocabulary of Modern Architecture*[M]. London：Thames & Hudson，2000：36.

[2] Adrian Forty. *Words and Buildings：A Vocabulary of Modern Architecture*[M]. London：Thames & Hudson，2000：31.

不容易用语言表述的建筑或者思想转化成可视的图像。

也就是说，在这个体系中（建筑）图是作为弥补语言描述功能不足而存在的工具，正投影图纸可以清晰地把语言不方便描述的信息用直观的方式表现出来。因此，从某种程度而言，图在这个体系中是无可取代的。

5. 图在体系中的局限性

虽然福蒂一直强调图对于建筑设计师的重要性，但是事实上，从意大利的文艺复兴开始，图才逐渐成为建筑生产的一个环节[1]。由于建筑图纸和建筑摄影的直观性远远超过含混的语言，所以有一种论调喧嚣尘上，即“图是建筑师唯一的媒介”[2]。单从图远比语言强大的描述性这一点来看，这种论调具有一定的理论依据，但是排除掉了被视作累赘的语言之后，这个建筑评价体系也随之分崩离析。福蒂在书中用了如下图示重新构建了建筑从设计构想到变成历史的转化过程：

构思—图—建筑物—体验—语言[3]

按照这个步骤，福蒂描绘出一段建筑完整的评价过程：雇主首先把项目委托给设计师，设计师对项目进行构思，并通过绘画建筑图纸和制作效果图等手段把图转化为建筑物，其他人通过对建筑的体验，把自己的感想通过文字的方式表达出来。

这个过程看似合理，实际上并非如此，其最大的硬伤在于忽视

[1] Adrian Forty. *Words and Buildings: A Vocabulary of Modern Architecture*[M]. London: Thames & Hudson，2000: 32.

[2] 同[1].

[3] 同[1].

了语言的影响。在图示中，语言仅出现在最后一个环节中，但事实上，从雇主对设计师进行委托的那一刻开始，语言就已经在发挥作用了。在上述的每个环节中，语言都是必不可少的部分。设计师不仅需要和雇主进行交流，也要和建筑工匠交流，否则他们既无法得知雇主要求，也无法指导工匠完成施工。即使是在设计中，设计师也需要和其他设计师进行交流，彼此交换灵感；在施工中，建筑工匠也需要和材料供应商甚至其他和建筑无关的从业者进行交流。

事实上，从建筑活动开始的那一刻，甚至更早的时间起，语言就已经开始运作了。图的局限性因此体现出来，抽象的思想很难通过图表达出来，在这个体系中语言依然处于主导地位，图不过是对语言的补充。因此，在“语言—图—建筑”的评价体系中，图虽然重要，但仍然无法彻底取代语言的位置。

3.3　词语的扩充机制——隐喻

一般来说，隐喻是人类思维活动过程的某种机制，用于理解抽象概念以及事物的重要原则。人们理解复合概念或事物的过程其实就是以隐喻“映射”的过程，或者说通过中介使得意义得到合乎逻辑的“搬移”，这样就达到了通过其他事物来理解和体验当前事物的目的。隐喻隐藏于我们的思维结构之中，管辖着人们的日常思维。有语言学家认为：“不论是在语言上还是在思想行动中，隐喻在日常生活中无处不在，我们的思想和行为所依据的概念系统本身就是以隐喻为基础的。”[1] 从某种意义来讲，人就是隐喻性的动物。

[1] George Lakoff，Mark Johnsen. *Metaphors We Live By*[M]. Chicago & London：The University of Chicago Press，1980：3.

语言本身是建构性的，其中隐喻就是其重要手段。很少有像语言隐喻那般丰富的隐喻。其实，建筑与语言之间确实存在着千丝万缕的相似性。福蒂认为，如果我们不以某种方式将建筑类比语言的话，建筑学大量领域将无法得到思考[1]。这也说明，语言隐喻（即类比）在建筑中具有重要地位，甚至建筑本身就是隐喻[2]。在这里，福蒂的语言类比就是语言隐喻的代名词。

在当代，科学技术成为时代的强势话语，科学隐喻向建筑学领域渗透之所以获得较大成功，是因为当代建筑学与当代科技是同构的。至少在表面上，科学隐喻使得建筑学在向理性和合理方向迈进，其实这也是科学渗透建筑学的结果，其手段与方法就是隐喻。科学渗透的结果，就是建筑的科学化——也许事实上恰好正相反（即当代建筑学失去了古典的娴静和静穆的稳重，走向解构的癫狂与非理性）。隐喻的前提是本体与喻体之间存在着差别性，但是其必须存在某种相似性，这种相似性才是隐喻得以发生的前提。

除了上述语言隐喻和科学隐喻之外，还有就是古老的性别隐喻。福蒂认为，最早应该是维特鲁威关于柱式之性别隐喻，即多立克柱式之于男性，爱奥尼柱式之于女性，科林斯柱式之于少女等。通过性别比喻，来描述人们对建筑的印象和感觉，使得建筑增加了研究与评价的维度与模式。之后他又讨论了建筑学与社会学之

[1] 阿德里安·福蒂．词语与建筑物：现代建筑的语汇 [M]. 李华，武昕，诸葛净，等，译．北京：中国建筑工业出版社，2018：51.

[2] Kojin Karatani. *Architecture as Metaphor—Lauguage, Number, Money*[M]. Trans. Sabu Kohso. Cambridge：the MIT Press，1995：xxxi–xlvi.

间的差别，前者重在个体行为研究，后者重在群体行为研究，因而造成了建筑学与社会学中的隐喻错位[1]。

伽达默尔（Hans-Georg Gadamer，1900—2002）撰写的《真理与方法》提到的“视域融合”就是指诠释者不断地扩大自己的视域，与其他视域不断地交融，这里其实说的是诠释学的开放结构。在福蒂这里可以理解为建筑核心词语就是开放的结构，是不断地获得新意义和摆脱旧意义的动态过程。换一个说法就是，“词语总是无法准确表达其意义，（正是基于此）意义总是摆脱词语（的原有意义制约），寻找新的隐喻的故事（来扩展词语意义）”[2]，也即词语正是通过隐喻（Metaphor）的方式获得新的意义。

隐喻的本质在大多数意识中只是一种修辞手法，但近几十年的研究表明隐喻远远超出了最初的意义，即“根据一件事来理解和体验另一件事”[3]，已经蔓延到思想和知识的所有层面，变成了本体论和方法论，“我们思想和行动中的概念系统，本质上是建立在隐喻基础上”[4]。也就是说，隐喻是意识活动机制，凭借它思维能够由此（已知的）及彼（未知的）地拓展人类理解自身和世界的能力，是世界与人类之间的重要中枢。福蒂认为在现代主义发展初期，也是通过隐喻来拓展建筑学的疆域的。《词语与建筑物》的第一部

[1] 阿德里安·福蒂．词语与建筑物：现代建筑的语汇 [M]．李华，武昕，诸葛净，等，译．北京：中国建筑工业出版社，2018：99.

[2] Adrian Forty. *Words and Buildings：A Vocabulary of Modern Architecture*[M]. London：Thames & Hudson，2000：7.

[3] George Lakoff，Mark Johnsen. *Metaphors We Live By*[M]. Chicago & London：The University of Chicago Press，1980：5.

[4] George Lakoff，Mark Johnsen. *Metaphors We Live By*[M]. Chicago & London：The University of Chicago Press，1980：3.

分第三章至第六章都是在隐喻基础上阐述近几十年来建筑学疆域的拓展，也即现代主义的横空出世。

语言的隐喻，是自语言诞生以来，就应该彷徨在建筑学疆域中。但是建筑学中的隐喻最早的记载应该是维特鲁威关于柱式的性别隐喻，以人体形式感觉为基础的感觉迁移，此后男性的雄浑与女性的优美成为建筑学评论不变的利器。

科学隐喻在建筑层面则是毫无隔阂且畅通无阻，这是因为建筑学本身一半血脉是来自科学（即科学与艺术的综合）。建筑学要想发展，必然要借用科学发展过程中（与细化的科学知识相对应且被证明正确的）已经磨砺过的思维工具，来对建筑学相关领域进行与科学层面相类似的解剖和深化，以达到对建筑学理解的加深与领域的拓展。

隐喻可以在建筑学不同层面展开，不同层面的拓展也意味着建筑学领域的开疆拓土。语言隐喻和科学隐喻则是针对建筑学的人文理解和知识深化而展开的，早期的性别隐喻是针对建筑物本身而言，可以归纳为建筑的人文拓展。语言隐喻和科学隐喻等主要针对建筑学本身，后来拉斯金把建筑生产过程中人类的辛苦劳作也纳入建筑艺术的考察之中，认为人类在建筑上留下欢笑与荣耀也属于建筑审美的一部分，由此拓展了建筑学的范畴。建筑生产过程虽然是属于建筑学部分，同时也属于社会（生产）环节。福蒂写道，欧洲建筑界认为建筑可以表达社会存在的集体性和改善社会状况[1]。比如，格罗皮乌斯和柯布西耶把建筑的工业化生产（如装配式建筑）也纳入建筑学考察之中，由此叠加累积出了第一

[1] 阿德里安·福蒂．词语与建筑物：现代建筑的语汇 [M]. 李华，武昕，诸葛净，等，译．北京：中国建筑工业出版社，2018：89.

代大师想用“建筑改造社会”的雄心壮志。事实上，建筑在社会使用过程中的使用方式和描述方式已经渗透到建筑学领域，如同隐喻一样，在扩张建筑学的领域和范畴。社会学方面的概念也被整合进建筑学领域而成为其一部分，如社区、公共性与私密性等，还有刘易斯·芒福德的“纪念性”与“都市性”，等等。描述建筑使用状态的词汇，如“死气沉沉”还是“充满活力”（即第六章的标题，Dead or Alive—Describing“the Social”），显然是把建筑转换成社会来理解，或者说把社会概念溶解进了建筑学领域。

1. 语言的隐喻

语言本身是建构性的，而隐喻就是其重要的一种手段。基于此，人类面对（相同的）外在世界才能够进行交流。日本学者柄谷行人（Kojin Karatani，1941-）在其著作《作为隐喻的建筑》（*Architecture as Metaphor: Language，Number，Money*，1995）中表示，建筑所具有的某种内在体系性可以作为隐喻的本体，来隐喻其他对象，如文本语言等[1]。

在建筑学所有隐喻中，福蒂认为语言隐喻最为丰富。其实，这源于建筑与语言之间的相似性。例如，罗杰·斯克鲁顿（Roger Scruton，1944-）在《建筑美学》（*Architectural Aesthetics*）中把建筑比拟为一种具有语言或者半语言结构的知识建构；克里斯托弗·亚历山大（Christopher Alexander，1936-）在《建筑模式语言》（*A Pattern Language*）一书中把建筑比作形式语言；G. 勃罗德彭特（Geoffrey Broadbent，1929-）在《符号、象征与建筑》（*Signs, Symbols and Architecture*）一书中把建筑当作符号，等等比拟不

[1] Kojin Karatani . *Architecture as Metaphor: Language，Number，Money*[M]. Trans. Sabu Kohso. Cambridge: The MIT Press，1995: 3-16.

一而足。显然，这些也可以看作建筑层面的语言隐喻。众所周知，人类的语言是系统而连贯的结构，语言的实质是对外在世界的同构模拟。福蒂认为，如果我们不以某种方式将建筑类比语言的话，建筑学大量领域将无法得到思考[1]。这也说明,语言隐喻（即类比）在建筑中的重要地位。

除此之外，福蒂对语言隐喻与建筑之间的关系做了细致的分析。(1)“建筑像语言”与“建筑是语言”的区分。前者指出的是建筑与语言之间存在着共同点，这是隐喻的基础，传达包含自身物质之外的信息。后者泯灭了建筑与语言的差异，而与事实公然冲突。(2)语言类比的基础可以分为结构系统和语法系统两方面。(3)区分建筑与文学（布局写作上）的类比同建筑与语言（在语言现象上）的类比[2]。在随后的语言隐喻部分，福蒂分了6个不同方面来阐述。阻止创造(Against invention)、建筑作为艺术的描述(To describe what made architecture an art)、建筑起源的描述(To describe the historical origins of architecture)、建筑作为交流媒介的描述(To discuss architecture as a medium of communication)、语法的类比(Analogies with grammar)以及符号语言学与结构主义的建筑应用(Semiotic and structuralist applications to architecture)。

2. 科学的隐喻

在科学隐喻章节中，福蒂加了一个标题“空间力学”(Spatial

[1] Adrian Forty. *Words and Buildings: A Vocabulary of Modern Architecture*[M]. London: Thames & Hudson，2000: 62.

[2] Adrian Forty. *Words and Buildings: A Vocabulary of Modern Architecture*[M]. London: Thames & Hudson，2000: 64.

Mechanics），显示出其独特性。在当代，科学技术成为时代的强势话语，科学隐喻向建筑学领域渗透也就变得不可避免。同时科学隐喻在建筑学中比较成功，还有下面原因，即现代建筑学本身就是科学发展的成果之一，也就是说当代建筑学与当代科技是同构的。福蒂详细列举了“循环”（Circulation）的例子，来阐述科学隐喻的发生机制与过程。

福蒂总结了建筑学上的科学隐喻可能来自两个方面：第一个方面就是来自医学与科学等领域，“循环”就是这方面的典型例子。在20世纪，“循环”拓展了词语“空间”（Space）的意象，并赋予运动感。第二个方面就是来自力学——流体力学与静力学。运用物理上的力学原理作用力与反作用力来赋予建筑构件的内在关系和建筑给予人的各种心理上的体验。隐喻的前提是本体与喻体存在差别性，但是其必须存在某种相似性，这种相似性才是隐喻得以发生的前提。

比如隐喻“循环”的本体是建筑中的流线和交通组织，喻体就是医学上的“血液循环”，最后隐喻得以发生，形成建筑学领域“循环”的概念。由此，建筑领域的词语通过科学的隐喻，从其他学科中得到扩展。

3. 性别的隐喻

除了上述两大隐喻之外，较为古老的隐喻就是基于性别的隐喻。这种隐喻其实就是世界两分思维的直接体现，类似的概念还有阴与阳、强与弱、白天与黑夜，等等。在《词语与建筑物》中，福蒂列举了很多这样成组且意义相对立的词语。最早提到性别隐喻的（当然也应该是最早提到建筑隐喻的），就是维特鲁威关于柱式的性别隐喻。《建筑十书》认为多立克柱式象征了男性的孔武有力，爱奥尼柱式体现了女性的丰姿绰约，科林斯柱式暗示了少女的婀娜多姿。通过性别比喻，来描述人们对建筑的印象和感觉，使得建筑增加了研究与评价的维度与模式。

性别的隐喻和上述两种隐喻之间有根本的不同，那就是如果说语言和科学的隐喻更倾向于通过寻找相似性进行隐喻的修饰，发挥的完全是语言的描述相似性的功能的话，那么性别隐喻就是充分发挥了语言的批判功能，描述的是差异性。

首先从历史的角度来进行分析，性别的隐喻在古典主义评价体系中最早是用来对于柱式进行划分的。维特鲁威对于柱式的划分无疑是经典的，并在很长一段时间内影响着整个意大利文艺复兴时期的建筑界。在文艺复兴时期，建筑学者们对于男性化的建筑都有着高度的评价。那时候人们认为一栋优秀的建筑，外表应该是坚固的、比例合乎规范的、男性化的和持重的。可是细究男性化的具体特征的时候，我们却很难进行描述。这时，伊尼戈·琼斯（Inigo Jones，1573—1652）对这个词进行了第一次具体的定义，即“与男人相称的行为”[1]。然后这个“男性的”含义就贯穿了整个18 世纪。18 世纪中期在法国，由维特鲁威提出的“男性的”这个词逐渐被“男性化的”（Male）所取代，并且与当时盛行的洛可可风格进行对抗，渐渐地人们对于“男性化的”有了更精准的定义。

雅克－弗朗索瓦·布隆代尔（Jacques-François Blondel，1705—1774）在 1750 年撰写的《建筑学教程》（*Cours D'Architecture*）一书中把“男性化的”（Male）与“坚固的”（Ferme）、“有力的”（Virile）这两个单词并列起来，并且对于“男性化的”建筑有了新的定义：男性化的建筑是坚固的、没有任何不必要装饰的、

[1] John Harris，Gordon Higgott. *Inigo Jones Complete Architectural Drawings*[M]. New York：The Drawing Centre，1989：56.

诚实表达自己设计意象并且结构清晰坚固的。并且为了强调“男性化的”建筑的优越性，他又对“女性化的”建筑进行了定义，即“女性化”的建筑都是暧昧不明确的、谄媚的、试图引起别人愉悦的。同时他也毫不掩饰地声称“男性化的建筑”远远优于“女性化的建筑”[1]。经过很长一段时间,这个理论才逐渐被建筑师们所接受，被建筑界所消化并吸纳。

人们可以清楚地发现“男性化的”建筑特点几乎都是褒义的，而且指向十分明确，比如:结构清晰、没有不必要装饰、坚固的……而“女性化”并没有代指某种明确的风格,“女性化”只是相对于“男性化”而存在，即强调“非男性化”的，其含义也相对含混，比如:结构不清晰的、有过量装饰的……如果说“男性化”的词义原型强调的是“正确的”，那么“女性化”的词义原型则是在此基础上衍生而成的“不正确的”。进入现代主义后，性别的隐喻虽然由于女权兴起和其他政治因素而有所衰退，但是其词义原型仍然没有改变，这个隐喻在许多建筑评论家的笔下改头换面隐藏了下来。“性别隐喻”通过语言的批判性特点被转变成批判性词汇，从而得以存续下去。

3.4　词语研究指导原则

1. 知识考古学的原理

福柯（Michel Foucault，1926–1984）在《知识考古学》中提出了这样的观点:“因为概念的历史不是一砖一石构筑起来的

[1] Adrian Forty. *Words and Buildings: A Vocabulary of Modern Architecture*[M]. London: Thames & Hudson，2000: 49–50.

建筑。”[1] 这是说概念的形成和建构过程并非一种严格的连续发展进程。而依靠这些概念的学科如历史、哲学或建筑学却是一个包含连续含义的概念，它们按照某种形式序列而形成一个整体知识体系。按福柯的术语来说，就是概念的形成和演变在话语对象和陈述行为之间展开。概念的形成和建立过程不是严格连续的历史发展过程，但是最终建立在概念基础上的学科必然安于连续的形式序列之中。概念的意义由不连续向连续的转变，其实是在不同学科之间辗转并调整的过程，这其实也就泄露出学科建构的痕迹和线索[2]。可以做如此理解：福蒂澄清和梳理概念的演变史和意义的迁移进程，也可以再现学科（即建筑学中的现代理论）形成的过程。从这方面也可以体现出福蒂撰写《词语与建筑物》的内在动机之一。

在福蒂研究的现代建筑的 18 个词中，有一些从其他学科转义过来，遵循词语的演变机制；另一些从开始就诞生于建筑学领域，之后意义几经偏移，演变至今，也就是“意义对词语的追寻和意义对词语的摆脱”[3] 的历史进程。对于历史悠久的词，比如“形式”“自然”等，在古希腊时期就已经有自己的意义，然后几经辗转进入建筑学领域，由此开始它在建筑学领域的意义的漫游。在建筑学领域，在不同的时期或者不同的社会氛围中，很多词语获得细微差别甚至相差较大的意义。显然，获得这些意义有两个层

[1] 米歇尔·福柯．知识考古学 [M]. 谢强，马月，译．北京：生活·读书·新知三联书店，2003：60.

[2] 施林林．福柯《知识考古学》话语理论研究 [D]. 保定：河北大学，2015：22–23.

[3] 阿德里安·福蒂．词语与建筑物：现代建筑的语汇 [M]. 李华，武昕，诸葛净，等，译．北京：中国建筑工业出版社，2018：5.

面的积极考量：一是现代主义建筑在扩展疆域和获得新的建构过程，需要大量不同概念来填补学科建设上的空白；二是这些意义的变迁的过程，也就是建筑学内部疆域和方向调整的局部微末发展的渐进之路，进而能够更好地洞察建筑学和现代建筑理论的历史演变。

2. 威廉斯的《关键词：文化与社会的词汇》研究

福蒂在前言中坦承受到英国文化思想家雷蒙·威廉斯的《关键词：文化与社会的词汇》（以下简称《关键词》）影响，以其作为《词语与建筑物》的参照范本[1]。威廉斯在《关键词》中探讨的是关键词在语言演变过程中词义的变化，以及彼此的相关性和互动性。威廉斯认为语言的活力在于意义的变异性，包括意义转变的历史、复杂性与不同用法，即创新、过时、限定、衍生、重复、转移等过程[2]，而意义的变形就构成了语言的本质[3]。

威廉斯在《关键词》中的研究方式和分析方法属于历史语义学（Historical Semantics）：不仅强调词义的历史源头及演变，而且强调历史的“现在”风貌与“现在”意蕴，肯定过去与现在的连续性关系，同时承认其中的变异、断裂与冲突现象，且这些现象持续发生，成为争论的焦点[4]。这些自然影响到福蒂的《词语与建筑物》的分析方法和写作风格，认识到这一点，将非常有助于

---

[1] 这里要指出的是，威廉斯用的是 Keywords，福蒂用的是 Core Vocabulary.

[2] Raymond Williams. *Keywords：A Vocabulary of Culture and Society*（Revised Edition）[M]. New York：Oxford University Press，1983：17.

[3] Raymond Williams. *Keywords：A Vocabulary of Culture and Society*（Revised Edition）[M]. New York：Oxford University Press，1983：24.

[4] Raymond Williams. *Keywords：A Vocabulary of Culture and Society*（Revised Edition）[M]. New York：Oxford University Press，1983：23.

对《词语与建筑物》的准确理解。就《词语与建筑物》中人文意味较重的“形式”与“自然”等词目来说，就是基本上实打实地按上述方法来解读的。

威廉斯在《关键词》中指出，不仅仅是语言反映社会与历史过程，相反，一些重要的社会与历史过程是发生在语言内部的，并且阐述意义与关系的问题是构成这些过程的一部分。这就把语言的意义提升得非常高了。也就是说，语言（或核心词汇）不再被认为是被动地反映，同时也会主动影响历史进程[1]。福蒂在《词语与建筑物》中列举的“循环”最初作为科学隐喻被纳入建筑学版图[2]，但是“循环”之获得建筑学意义的明晰过程，何尝不是建筑学拓展自己的内涵而推动了建筑学的历史发展过程。

3. 词语意义内在辩证性

福蒂在《词语与建筑物》的 18 个词中选择了 5 个词——“形式”“空间”“设计”“秩序”和“结构”，福蒂认为这 5 个词基本上构成了现代主义建筑架构（Constellations）[3]，并且指出这 5 个词中两个或者几个词同时使用，你就肯定进入了现代主义的话语世界。福蒂选择 5 个词作为核心词的原因，可能还是受到威廉斯的《关键词》的影响。威廉斯在《关键词》中提到了“文化”“阶级”“艺术”“工业”和“民主”等 5 个反映社会与文化的内部某种结构的关联词，它们蕴含的不仅是自身在历史长河中不断累积

[1] Raymond Williams. *Keywords: A Vocabulary of Culture and Society* (Revised Edition) [M]. New York: Oxford University Press, 1983: 22.

[2] 阿德里安·福蒂. 词语与建筑物：现代建筑的语汇 [M]. 李华，武昕，诸葛净，等，译. 北京：中国建筑工业出版社，2018：73-79.

[3] Adrian Forty. *Words and Buildings: A Vocabulary of Modern Architecture*[M]. London: Thames & Hudson, 2000: 87-94.

的意义，同时与其他词语参与构筑不同的学科而成为时代的重要词语，也记录着这些词语所在时代的思想内容和历史结构[1]。

福蒂在“空间”上花大量笔墨讨论了心理空间，与实体空间相对应[2]。“形式”遵循二元论结构，分为作为“理念 / 本质”（Idea & Essence）的心灵中的抽象（内在）形式和作为“造型 / 体量”（Shape & Mass）的感官中的具象（外在）形式[3]。让人意外的是，“设计”也包含辩证结构，揭示出二元思维模式。福蒂认为“设计”可以区分为两极性的语言：作为体验对象以物质性而存在的建筑作品与作为内在“形式”或者理念的再现的建筑作品。也就是说，“设计”充当了意识与物质之间的联系载体，显示出建筑学的双重性。由此“设计”暗示出建筑学领域的两大部分：建筑设计（构想）和建筑建造（执行），导致建筑师对建筑实施和建造活动的渐行渐远的无奈，最终导致建筑师的职业下降到“构想”范畴而被迫放弃“执行”部分[4]。

“秩序”和“结构”存在很大的意义重叠，表现为“结构”就是“秩序”的物化甚至等同于“秩序”。“秩序”和“结构”揭示出外在与内在二元差别，前者为外在排列与内在模型（或图式），后者是外在构成和内在图式，等等。“秩序”分为外在秩序与内在

---

[1] Adrian Forty. *Words and Buildings: A Vocabulary of Modern Architecture*[M]. London: Thames & Hudson，2000: 13.

[2] 阿德里安・福蒂．词语与建筑物：现代建筑的语汇 [M]. 李华，武昕，诸葛净，等，译．北京：中国建筑工业出版社，2018: 237–257.

[3] 阿德里安・福蒂．词语与建筑物：现代建筑的语汇 [M]. 李华，武昕，诸葛净，等，译．北京：中国建筑工业出版社，2018: 131–155.

[4] 阿德里安・福蒂．词语与建筑物：现代建筑的语汇 [M]. 李华，武昕，诸葛净，等，译．北京：中国建筑工业出版社，2018: 118–123.

秩序：外在秩序较好理解，就是部分组合成整体的条理性构成的美（形式秩序）；内在秩序包括社会等级秩序、数学模型或图式逻辑化构成结构秩序和作为城市混乱的辩证对立概念（概念秩序）[1]。“结构”也分为外在结构与内在结构：外在结构就是建筑物作为整体性的存在，而内在结构包括建筑物的支撑体系（力学建造）和内在元素的抽象构成图式或模型关系[2]。

“形式”“空间”“设计”“秩序”和“结构”等 5 个词，福蒂认为存在相互定义，它们之间保持着微妙且不确定性关系，牵一发而动全身[3]，都隐藏着一个对立辩证的结构。众所周知，现代主义建筑（及其理论）也是由形式与功能、理性（或科学）与民主、经济与效率等建构而成的二元综合体，从某种程度来讲，上述 5 个词的意义结构与现代主义建筑的理论结构具有同一性。5 个词中任何两个（及其以上）同时出现，其中暗示的二元结构和两个（及其以上）词语（均作为二元结构的外化形式）之间相互印证，足以营造出现代主义建筑语境来。

“形式”“空间”“设计”“秩序”和“结构”虽然具有代表意义，福蒂在书中对其他 13 个词语也进行了关于其意义转变的考古式分析和阐述。对每个词语的考证，在文字上就演变为某个词语的演变史，如“形式”演变史或者隐喻史。从这个意义来讲，福蒂的词典就是现代建筑史无数个侧面的演化历史。这些现代核心建筑

---

[1] 阿德里安·福蒂．词语与建筑物：现代建筑的语汇 [M]．李华，武昕，诸葛净，等，译．北京：中国建筑工业出版社，2018：221–229.

[2] 阿德里安·福蒂．词语与建筑物：现代建筑的语汇 [M]．李华，武昕，诸葛净，等，译．北京：中国建筑工业出版社，2018：258–267.

[3] 阿德里安·福蒂．词语与建筑物：现代建筑的语汇 [M]．李华，武昕，诸葛净，等，译．北京：中国建筑工业出版社，2018：9.

词语演化史的叠加，其实就是一部现代建筑史。

3.5 词典的阐释

认知语言学认为语言符号具有反映客观世界的客观意义，词的外延是和客观世界直接相关的，内涵意义是客观事物特征的反映，人们依靠这种联系直接认识世界[1]。也就是说，人们对于世界的认知变化最直接的体现就是词语，而这种认知变化一定程度上也对历史进程起到了导向的作用。

《词语与建筑物》第二部分就是介绍这些现代建筑体系的词语的含义演变。福蒂在书中对这些词语采用考古式方法探究了其意义转变，也就是隐喻得以发生的具体过程。每一个词语的考证，在文字上就演变为某个词语的演变史，如形式演变史或者隐喻史。

福蒂认为，词语的含义不仅随着历史的发展进行了增添、删减、扭曲，也会在从一个语种到另一个语种之间转换的过程中，含义发生变化。影响到词义变化的原因可以说是多种多样，但是我们仔细分析可以看出这些不断演变的词语都是有着一些共性的——这些现代主义词语的共性其实就是建筑史在发展的过程中一直被关注和讨论的东西。从这个意义来讲，福蒂的词典就是现代建筑史无数个侧面的演化历史。这些现代核心建筑词语演化史的叠加，就是一部现代建筑史。

1. 词语的演变机制

美国加州大学伯克利分校（University of California，Berke-

[1] 赵艳芳，周红．语义范畴与词义演变的认知机制 [J]. 郑州工业大学学报（社会科学版），2000，18（4）：53–56.

ley）的心理学教授埃莉诺·罗斯奇（Eleanor Rosch，1938-）曾经在对认知语言学进行研究时提出了一个“原型”的概念，即“原型就是根据人们的经验,某一范畴中最无争议的成员”[1]。即在某一阶段，词语的表层含义可能具有多义性，但是其具有一种最基本的原型，表层含义都是围绕原型发生变化。也就是说，这个词语的原型就是其所有表层含义的共同的抽象。

以福蒂在书中第二部分列举的“设计”（Design）这个词语为例进行说明：最初，“设计”这个单词起源于意大利语 disegno，翻译为英文是 Drawing，即“绘图”的含义。在 17 世纪的很长一段时间内，“设计”就是指代创作中“绘制草图”的过程，因此“绘制草图”就是“设计”的原型。这时人们由此延伸的第一层表层含义为：人们利用视觉可见的绘制草图来表达思维中存在的概念。

进入 18 世纪后，人们经常把“设计”和“结构”这两个词放在一起进行对比。设计师们系统通过“结构”这个词语所包含的“物理性”的含义挖掘其“体力”层面的含义，而作为与“结构”相对比的“设计”则被赋予了“脑力劳动”的新含义。这种划分在进入 20 世纪后有着愈演愈烈的趋势，大量的培养建筑师的专科学院成立，在建筑学的教育中，曾经最重要的“建筑实践”已经完全向“建筑原理”屈从了。建筑学也完成了匠人和建筑设计师的分工，建筑设计师从生产建筑变成了生产创造建筑的图纸。这时，设计的另一层表层含义为：建筑活动中脑力劳动的部分，即对图纸的生产。尽管在这一阶段强调的是建筑学上的分工，但是从根本上，其“绘制草图”的向心性含义并没有发生改变。

---

[1] 苏健，王谷全．从原型理论看词义的演变 [J]. 中外企业家，2012（4）：152-153.

值得注意的是，词语与其词义原型并非一直不变，随着人们对于事物的认识与研究变得深入，在达到另一个领域的时候，词语的词义原型可能会随之发生变化[1]。这并不与词语原型具有向心性矛盾，因为这个向心性有一个前提，那就是在一段时间内。

重新对上文中提到的“设计”一词进行分析：在进入现代主义后，除了其本身“绘图”的含义之外，设计的原型逐渐向“脑力劳动”靠拢。这种趋势在进入21世纪后最为明显。“设计”在进入21世纪后通常被与“经济竞争”联系起来，这源于它的新的含义“通过脑力劳动对商品进行价值的附加”。可以看出，这种含义已经远远偏离了原有的“绘图”的含义。

综上所述，福蒂提出的词义演变的本质就是“词语的含义”围绕其“词义原型”进行变化的结果。从建筑史和艺术史的角度去分析时，会发现词语发展与人们对于建筑和艺术的发展都是被“认识型”转变所驱动的，本质上没有什么不同。

事实上，“设计”这个词的演变史就是建筑师对于“绘图”态度的发展史，而“绘图”这个词自始至终就是建筑学者们不断争论的话题，属于建筑历史的范畴。从某种程度来说，建筑词语的本质是用来描述建筑与其发展的，描述现代建筑的词语的发展历史就是描述现代建筑的历史。

2. 词语的演变因素

事实上，词语含义的演变是个复杂的过程，它在演变过程中会受到多种因素的影响。福蒂在书中提到影响词语含义演变的因

[1] 赵艳芳，周红．语义范畴与词义演变的认知机制 [J]. 郑州工业大学学报（社会科学版），2000，18（4）：53-56.

素主要有两种，分别是历史因素和语种因素[1]。在《词语与建筑物》第二部分，福蒂一共列举了18个涉及现代主义建筑的词语，这18个词语含义的演变历史受到上述因素中的一个或者多个的影响。需要强调的是，前文提及的隐喻属于现代主义词语演变机制，其作用是将词语从其他学科向建筑学迁移，是建筑词语扩充的主要手段；而历史因素和语种因素主要影响的是词语含义的演变过程。

对于历史因素，福蒂引用英国艺术史学家迈克尔·波顿（Michael Podro，1931–2008）的理论解释道："当历史学者在阅读前人所写的文字时，不应该只去了解这些文字在当下的含义，更要了解这些文字在被记录的那个历史时期的具体含义。"[2]进一步而言，有的研究甚至还要往前延伸，即前人的前人用这些文字想要表达什么。语言的含义是随着历史的变迁而更迭的，正是在这个更迭的过程中词语完成了语义的堆叠。

除此之外，另一个影响词语发展的因素是语种因素。语种转换的过程导致即使是处于同一个历史时期，同一词语在不同的语种背景下有着不同的词语含义。在该书中，福蒂考察的是以英语为基础的现代主义建筑的语言，但是如果想要深入研究一种体系的语言与思想，就必须追溯这些词语的母语原型。

以"功能"（Function）这个词汇为例，福蒂按时间的排列顺序详列了"功能"在历史长河中累积的7个不同含义：数学的隐喻、对古典装饰的批判、生物学隐喻、基于生物学隐喻的形式有机论、

[1] Adrian Forty. *Words and Buildings: A Vocabulary of Modern Architecture*[M]. London: Thames & Hudson, 2000: 14–16.

[2] Michael Podro. *The Critical Historians of Art*[M]. New Haven & London: Yale University Press, 1984: 6.

使用方式、德文中的功能含义、1930–1960 年英语世界中功能和形式（功能范式）。需要强调的是，词语含义随着历史演变的过程，并不是简单的词义替换，而是词义通过堆叠、删减、变形后再重新融合的复杂过程。

除了历史因素之外，“功能”这个词语的发展历史同样受语种转换的影响。“功能”转迁英语世界都是很晚的事，“功能”概念最先出现在非英语世界的意大利，而意大利语中的使用又转自德国数学天才莱布尼兹（Gottfried Wilhelm Leibniz，1646–1716）的论述，而同时法国生物学隐喻的“功能”来自生物学上内在的结构与功用的分析。在“功能”（Function）一词被翻译为英语之前，至少经历了多次转译的过程。

在德文中，与英文 function 对应的词语有三个：sachlichkeit（客观性）、zweckmässigkeit（目的性）和 funktionell（功能），而英文“功能”（Function）同时涵盖了上述三个德文词语的含义，很明显翻译的过程中词语含义产生了混乱。

福蒂在第一部分的科学隐喻中回顾了医学术语“循环”（Circulation）在历史上被建筑学借用、吸收和融化的过程[1]，最终溶解在建筑学领域中而毫无异物感。福蒂这种对建筑学中特定词语从其他学科辗转漂移到建筑学的历史考察可以说独具匠心。福蒂说，“形式”“空间”“设计”“秩序”和“结构”中的两个词或几个词同时使用，你就进入了现代主义的语境中，这表明他试图通过对这些词汇的考古，来书写具有福蒂特色的“不完美的”现代主义建筑史。

[1] 阿德里安·福蒂．词语与建筑物：现代建筑的语汇 [M]．李华，武昕，诸葛净，等，译．北京：中国建筑工业出版社，2018：73–78.

福蒂在《词语与建筑物》第二部分讨论的18个词语，基本涵盖了现代建筑的主题内容和内在构架（表3-1）。这些词从左往右是按福蒂在英文版中该词所占据的页码。排在前三甲的词语是“形式”“功能”和“空间”。很明显，这三个词撑起了现代建筑理论的基本构架。

18个词汇在英文版中所占页数　　表3-1

关键词汇	形式	功能	空间	自然	真实性	记忆	特征	结构	历史	秩序	类型	简约	灵活性	设计	文脉	用户	透明性	形式的
英文版页数	24	22	20	20	15	14	12	10	10	9	8	7	7	6	4	4	3	1

本书通过对“形式”这个词语的考察，来领悟在《词语与建筑物》中作者的意图。福蒂将这个词一直追溯到古希腊时期柏拉图的“理念”与亚里士多德的“形式”[1]。显然古希腊时期关于“形式”的理解都是抽象的，与现在的建筑形式并不是一回事。顺着哲学史，福蒂接着讨论了新柏拉图主义、文艺复兴时期（和后文艺复兴时期）“形式”概念在历史中的迂回。到了近现代，在科学发展的刺

[1] 柏拉图的形式就是“理念”（Idea），是与现实世界中“事物”或“现象”相对应的。而亚里士多德的“形式”（Form）则是现实世界的形式和理念的混合体，形式使物体成为其本质原因。比如石凳，其质料是石头，你不能说它是石头而只能说是石凳，因为石头是按照“凳子”的形式来雕刻的。在亚里士多德的哲理中，决定石头变成凳子的原因就是凳子的“形式”，这里形式就是石凳的本质。关于这一部分，福蒂并没有说得很清楚。

激下，“形式”概念的发展进入了频密的变化时期。福蒂在书中分别阐述了康德（Immanuel Kant，1724–1804）、歌德（Johann Wolfgang von Goethe，1749–1832）、哲学上唯心主义、形式主义、沃尔夫林（Heinrich Wolfflin，1864–1945）和希尔德布兰德（Adolf von Hildebrand，1847–1921），等等，最后到20世纪现代主义对“形式”的全面阐释，这段“形式”的历史与现代主义建筑密切关联。至于20世纪“形式”的内涵，福蒂缕析出了7种微妙差别的含义。在此前，关于“形式”这些微妙的含义建筑界很少有人做过如此细致的考古式探究。理解这些“形式”的含义，也就理解了现代主义建筑的形式的前世今生，掌握了“形式”现代化的演变历程。这样的史学缕析，在建筑史上也是空前绝后的。总而言之，福蒂对处于历史长河中的“形式”的概念和外延等意义的迂回漂移史的探究，在某种意义上来讲就是“形式演变史”[1]。

“空间”与“功能”两个词语，很晚才迁移到建筑学领域，成为现代建筑的专用术语。“空间”在建筑学领域的历史一般追溯到德国建筑家森佩尔（Gottfried Semper，1803–1879）的建筑室内的围合空间，森佩尔的学生卡米罗·西特（Camillo Sitte，1843–1903）则把空间内涵扩大到了室外广场。福蒂把“空间”概念的发展与美学上的移情（Empathy）理论结合起来阐述。移情理论的核心在于把客观对象置换成鉴赏者的身体，由此产生一系列的情绪和情感的变化。尼采（Friedrich Wilhelm Nietzsche，1844–1900）在《悲剧的诞生》（*The Birth of Tragedy*，1872）一书中阐述了酒神文化的“醉（指陶醉）舞”的迷狂，而在建筑界，

[1] 阿德里安·福蒂．词语与建筑物：现代建筑的语汇 [M]．李华，武昕，诸葛净，等，译．北京：中国建筑工业出版社，2018：131–156.

身体狂舞的知觉化为力的场域，这也就是后来建筑领域中空间概念的胚胎。按照福蒂的理解，“空间”是运动的产物，后来在吉迪恩那里演变为“空间—时间”综合体，也就是逻辑的必然。到了后现代主义，受海德格尔（Martin Heidegger，1889–1976）哲学的启发，“空间”变为“场所”[1]，应该是空间概念的最新演变。对这些概念溯源性的研究，基于隐喻的思维机制或者文化发生机制，对现代主义建筑重要概念进行梳理，就是对现代主义建筑历史的“史前史”的考古式探究，这个过程所达成的结果就是对现代主义建筑更加深刻的理解。对现代主义建筑理论的关键概念的前世今生进行深入探究与理解，最后达成对现代主义建筑的全面理解。足够敏感的读者也会意识到，这种梳理表面上是对现代主义建筑理论的梳理（即发现），实质上却是对现代主义建筑理论的拓展（即发明），它拓展了现代主义建筑的内涵与外延——也就是说，福蒂以某种隐秘的方式在拓展建筑学的疆域。

3. 另类建筑史

福蒂在书中强调，如果一篇文章中出现了几个类似的现代主义词语，就能判定这篇文章已经进入了现代主义评价体系。比如以凯文·林奇（Kevin Lynch，1918–1984）在《城市意象》（*The Image of the City*）中的一句话进行分析：“赋予城市视觉形式是一个特殊的设计问题。”[2] 在这句话中出现了两个标志性现代主义词

---

[1] 正如段义孚所说“场所”代表“安全”，“ 空间”代表“自由”，这也算是后现代主义对当代建筑学的重要贡献之一。见伊恩·博登，墨里·弗雷泽，芭芭拉·潘纳．建筑思考 40 式：建筑师与建筑理论现状 [M]. 葛红艳，译．北京：电子工业出版社，2017：260.

[2] Kevin Lynch. *The Image of the City*[M]. Cambridge：The MIT Press，1960：V.

语，即“形式”与“设计”，当读者读到这两个词语时，就大致明白这句话描述的语境是现代主义了。

通过这个角度来重新审视福蒂创作该书的动机，不难得出这样的结论：福蒂希望通过对词语考古式的历史渊源和意义变迁的梳理，来审视现代建筑的内在实质和外在表现，进而达到对现代主义建筑的全面理解和总体领悟。

基于《词语与建筑物》的隐形目标是现代建筑史，那么如果重新把这些“现代主义建筑词语”与“现代主义建筑”按照亲疏层级进行划分，或许会发现《词语与建筑物》中列举了 18 个词语的内在关系。

第一层级词语的概念是与现代建筑平行的概念，或者说虽然是属于建筑领域的重要词语，但又不单属于建筑的范畴，这些词语仍然可以延伸到其他领域（4 个）：自然、特征、文脉、结构。第二层级词语是构成现代建筑的重要概念，这个层级的词语与第一层级相对，一般是专属于建筑范畴的重要词语（3 个）：形式、功能和空间。第三层级词语是第二级词语的概念的深化与彼此之间的组合（9 个）：灵活性、真实性（形式与功能的关系）、秩序（形式与空间）、类型（形式）、透明性（形式）、简约（形式）、形式的（形式）、历史（形式）和记忆（形式）。第四层级词语是现代建筑关系较为外围的概念（2 个）：设计、用户（表 3-2）。

《词语与建筑物》讨论的 18 个词语的层级关系　　表 3-2

第一层级	4	自然、特征、文脉、结构
第二层级	3	形式、功能、空间
第三层级	9	灵活性、真实性、秩序、类型、透明性、简约、形式的、历史、记忆
第四层级	2	设计、用户

从篇幅分配的角度而言，在《词语与建筑物》的 18 个词语中，最重要的是形式、功能和空间（第二层级），它们基本上构成了现代建筑史的大半内涵与外延。事实上，如果统计每个词语在书中所占篇幅也可以发现，篇幅与词语的重要性大致成正比（表 3–1）。第三层级词语作为第二层级词语的扩展，大多数是基于对形式层面的深化，纯粹与形式相关联的有类型 、简约、形式的、历史、记忆；而同时与多个概念相关的词语有真实性（其反映的是形式与功能的关系）、秩序和透明性（涉及形式与空间两个层面）。

也就是说，如果要讨论福蒂用词语构建的现代建筑史，只需抓住形式、功能和空间三个词，基本上就能掌握其主要构架。

总之，福蒂的《词语与建筑物》虽然仅着眼于词汇，但是它所包含的就是一部关于建筑理论的发展史。与传统建筑史研究不同的是，福蒂的《词语与建筑物》并不局限于建筑学领域，而是具有更广阔的视野和更深厚的理论。这并不是说，这种新型研究模式就一定优于传统的历史研究模式；但是，至少《词语与建筑物》一书的研究内容覆盖了传统史学研究的部分盲区，是一种强有力的历史补充。

3.6 小结

首先从该书的写作模式进行分析，福蒂沿用了前作《欲求之物》的写作模式，规避对于线性历史的整理与描述，以单个词语的发展轨迹对历史进行叙述。因此，可以说《词语与建筑物》是福蒂的承前启后之作，并确立了福蒂的写作风格。福蒂教授渊博的学识与独具匠心的创造力在该书中流露无疑，令人敬佩。

在绪论中，福蒂强调进入现代主义后通过语言对建筑进行评价描述面临着种种困境，比如前文中提到的语言建筑师被其他建筑设计师所排斥等，这引起了同样身为“语言建筑师”的福蒂极大的兴趣。福蒂在该书的第一、二章中，根据罗兰·巴特的时尚评价体系，通过图（图和建筑图纸）这一描述性的工具媒介，极富想象力地将语言与建筑评价重新构建起来，形成了“语言—图—建筑”评价体系。在书中，福蒂详细地分析了语言与图以及建筑在该评价体系中是如何起作用，并如何相互弥补缺陷的。在该书的第一部分，他同时分析了这个体系中另一重要组成部分，即现代主义建筑词汇从其他学科领域中得到扩充的方式——隐喻。

在该书的第二部分，福蒂仿照雷蒙·威廉姆于 1976 年出版的《关键词》，以词典的形式记载了 18 个现代主义建筑词语的词义演变史。为了充分展现语言学的特点，福蒂对这些语言中的细微单元词语进行了考古式的研究，梳理清楚了这些处于现代主义体系核心的词语的演变过程。正如传统历史学者通过前人记载的语言文字来考察建筑风格的演变那样，只不过这次语言成了被研究的对象。

这 18 个词语按照首字母以“词典”的形式排列，尽管在内容的介绍上福蒂或许有详有略，但是在形式上这些词语之间并没有先后，没有主次，内容独立而完整。这些词语之间会彼此纠缠、相互定义,大量的理论资料都会在数个“词语”的历史中重复出现。这些词语彼此交叉重叠最终形成一张大网，把现代主义建筑的发展轨迹牢牢地限定在其中。可以说，在人们弄清楚这些词语演变过程的同时，也就等于弄清楚了现代建筑概念核心的生成过程。

不过，该书依然有着如下些许遗憾。

首先，现代主义词语远远不只 18 个，也就是说这部作品并不完整。不过这也无可指责，为了完善语言建筑评价体系，重构词与物的关系，人们不得不通过旧有的词语对新生事物进行定义与重命名。换句话说，这部词典永远没有能够创作完成的一天，词汇条目会越来越厚，词语演变的历史也会越发复杂。

其次，这部作品虽然列举了一系列与建筑和现代性有关的词语，但它并没有涉及真正的当代问题。比如说，书中并没有介绍社会文化、科技发展与建筑词语领域拓展之间的关系。正如美国华裔作家大卫·王（David Wang）对《词语与建筑物》的评价所说，“福蒂的言论滋生出一种偏激狭隘的观点，即建筑有着属于自己语言的表达模式”，[1] 福蒂设立的“语言—图—建筑”评价体系，反而将建筑学词语从社会中剥离出来，这与他的研究初衷是相悖的。

当然，以上缺憾并不影响这部作品的开创性地位，可以说《词语与建筑物》是对语言与建筑关系的一种持续的、系统的思考，仅这一点就足以使这部作品成为建筑研究史上的一个有力补充。[2]

《欲求之物》是基于消费品的设计史研究，按照正常思路，福蒂接下来应运用微观史学的研究方法撰写《现代建筑史》，但是福蒂选择撰写《词语与建筑物》，别出心裁地从词语层面来梳理现代建筑史。通过对不同的现代建筑核心词语的考古式梳理，18 个词语基本上每一词目都可以冠以标题“X 意义演变史”。弄清楚了现代建筑核心词语的来源，也就弄清楚了现代主义的来龙去脉，也就理解了现代建筑的发生过程。或者可以这样说，福蒂提供了核

[1] David Wang. *Words and Buildings: A Vocabulary of Modern Architecture by Adrian Forty*[J]. *Journal of Architectural Education Volume*, 2002, 55（4）: 274–275.

[2] David Wang. *Words and Buildings: A Vocabulary of Modern Architecture by Adrian Forty*[J]. *Journal of Architectural Education Volume*, 2002, 55（4）: 274–275.

心词语的素材，最后由读者根据这些素材在自己的心目中“组装”出自己的现代建筑史，即《词语与建筑物》就是现代建筑史的未完成稿和中间成果——也就是说，《词语与建筑物》只能算一部“散装”现代建筑史，一部“不完美的”现代建筑史[1]。

福蒂的《词语与建筑物》虽然仅着眼于词语，但是它所呈现的又好像是关于建筑理论的发展史，因为对词语的梳理涉及很多哲学、艺术学和历史学的知识和理论。这样一来，《词语与建筑物》又是人文版建筑史。在某些方面，《词语与建筑物》可以与克鲁夫特的《建筑理论史:从维特鲁威到现在》相媲美，但与其不同的是，福蒂的《词语与建筑物》不仅仅局限于建筑学领域，而是具有更广阔的视野和更深厚的理论，不说是超越了克鲁夫特的《建筑理论史：从维特鲁威到现在》，至少也是对它最有力的补充。

[1] 福蒂在回复我们的 e-mail 中说：“You are right that Words and Buildings is a contribution to the history of modern architecture—but I have no ambition or desire to write a general history of modern architecture. Indeed, I doubt that such a thing is possible.”显然，他的观点更激进，已经怀疑现代建筑史写作的可能性。

04

第四章

《混凝土与文化》解读

> 作为一个技术时代的产物,(德国的)高速公路用其宽阔清晰的柔韧线条为德国自然形态和文化地标增添了一个新的特征……像城镇、村庄、道路、运河、铁路一样,它们代表着人类在自然留下的烙印。然而,这些公路尽量躲开喧闹的人群,尽量避免像一些纯粹的技术项目一样残忍地从自然环境中脱颖而出。相反,作为艺术家创作的作品,(这些公路)紧密地适应着自然的环境。在山区,高速公路桥梁的混凝土桥墩覆盖着从当地开采的天然石材,以适用于每座混凝土制造的桥梁融入当地的环境。[1]

上面这段文字是出自 1941 年出版的一本名为《德国高速公路》(*Les Autostrades de l'Allemagne*)的书籍,该书介绍了一些德国的国家社会主义者(Nationaler Sozialismus)发起的德国高速公路的项目[2]。在他们的观点中,乡村的高速公路本质上是城市的延续,而城市和自然本身是对立的。他们期望通过这些延伸在德意志领土上的混凝土道路、桥梁,尽可能地反映德国社会主义的意识形态,让驾驶员行驶在德国的高速公路上的同时尽可能欣赏到

[1] Hans Pflug. *Les Autostrades de l'Allemagne*[M]. Bruxelles: Maison Internationale d'édition, 1941: 66.

[2] 国家社会主义者属于一种社会主义的形式,但是既区别于纳粹,也有别于马克思主义阵营。他们强调国家的绝对权力,个人应该无条件服从国家,以便国家通过绝对权力对社会进行改良。而且国家社会主义是民族主义与社会主义的结合。因此这些人设计的德国高速公路主要突出体现它们的民族性,尽量减少对自然的改造,以便更直观地反映德国的风土人情。

德国的自然风光，彰显德国的精神风貌（图 4-1，图 4-2）。这些国家社会主义的工程师强调了混凝土制造的桥梁和公路需要尽可能的融入自然中，不要让人造的混凝土凌驾于自然之上。在他们看来，混凝土建造的桥梁和公路不仅仅承担着交通功能，他们更是在这些混凝土结构上寄托着自己的政治抱负。

正如高速公路工程师沃尔特·奥斯特瓦尔德（Walter Ostwald，1893–1946）所说的那样："我们的使命是在用最高贵的手法连接起两个点，而不是最短的。"[1] 事实上他们也正是这样做的。1935 年建成的从慕尼黑（Munich）到萨尔茨堡（Salzburg）的高速公路修建在高耸的阿尔卑斯山麓，与传统的沿着山谷修建的模式不同，它沿着山麓按照一定坡度修建，牺牲了驾驶速度，以便司机在行驶途中获得最佳的观景视野。值得一提的是，这条公路的线路是由它的设计师弗里茨·托特（Fritz Todt，1891–1942）亲自登山勘测选定的，他曾自豪地宣称："绝对没有其他的路线可以像我选择的这条一样能够提供多种多样的游览体验。"[2]

从上述资料可以看出，德国工程师对于他们塑造的道路与桥梁是如此寄予厚望。除了合理的结构外，国家的精神风貌、设计师的个人理念以及政治抱负都被寄托在这些混凝土构件上面。这让人不禁开始反思混凝土究竟是什么时候开始承担国家精神的重任，已经不再是一种单纯的建筑材料了！

---

[1] Rainer Stommer，Claudia Philipp. *Triumph der Technik：Autobahnbruchen Zwischen Ingenieuraufgabe und Kulturdenkmal*[M]. Marburg：Reichsautobahn，1982：54.

[2] Thomas Zeller. *Driving Germany：The Landscape and the Making of Modern Germany*[M]. New York：Oxford University Press，2007：138.

事实上类似的事情随处可见，由混凝土浇筑的建筑在人们不曾注意的时候就变成了一个个旅游胜地，每个景点都在向人们展示着当地的风俗民情。这种随处可见的材料在异国他乡散发着迷人的气息，吸引着人们前去参观。大众体验的不仅仅是这些造型各异的混凝土建筑，更是这些建筑所蕴含的文化（图 4-1、图 4-2）。

图 4-1　德国高速公路 1

图 4-2　德国高速公路 2

福蒂敏锐地察觉了这一点，试图从社会进程的角度对混凝土和文化的关系进行剖析。除此之外，他也试图寻找混凝土在历史上与摄影、传媒等其他学科曾经存在的关联性。

4.1 《混凝土与文化》

福蒂遵循着《欲求之物》与《词语与建筑物》的一贯的写作模式，打破时间的束缚，从混凝土材料的性质，混凝土建筑的特性，混凝土对政治、文化、经济等领域的影响出发，阐释混凝土是文化历史变迁见证者的观点。

另外，混凝土在历史上曾经两次使得建筑师陷入窘境。早期，混凝土设计、规范和施工等都控制在混凝土建筑承包商手中，建筑师基本上游离其外，此时曾经流传过混凝土将会导致建筑师行业消失的社会忧虑[1]。正如吉迪恩所说，这是建筑师在混凝土建筑实践中第一次陷入窘境之中[2]。在第二次世界大战后，由于住房短缺和经济困难，导致欧洲各国大约在20世纪50年代推广发展装配式建筑，建筑的部件和主体框架的构件基本上在工厂预制后再拉到现场直接装配成型，这是建筑师在混凝土工业发展过程中第二次陷入窘境。建筑师在装配式建筑工业中只能沦为技术员。混凝土给建筑师的两次重大打击，使得建筑师对其爱恨交加。混凝土这种材料存在着很多似是而非的冲突，恰好显示出这种材料的

[1] Adrian Forty. *Concrete and Culture: A Material History*[M]. London: Reiktions Books，2016: 243.

[2] Adrian Forty. *Concrete and Culture: A Material History*[M]. London: Reiktions Books，2016: 246.

图 4-3 《混凝土与文化》(2012 版)

不完美性。

《混凝土与文化》(2012 版)(图 4-3)分为十章，前两章福蒂主要强调了混凝土自诞生起就具有的矛盾性：第一章强调混凝土在文化特性上的矛盾，即在混凝土中同时具有先进性与落后性两种矛盾的文化意象；第二章强调的重点主要集中在混凝土的自然特性上具有矛盾性，以及混凝土迅速发展与自然平衡之间的矛盾。

第三章至第八章则是分析社会文化与混凝土之间的相互影响，内容包括混凝土民族性和国际性之间的冲突、国际政治博弈、混凝土被人为赋予的文化象征含义等，对混凝土的发展轨迹进行了全面的描述。在第九章中，福蒂尝试寻找混凝土对其他行业学科产生影响的蛛丝马迹，将混凝土与同时代的黑白摄影技术进行学科类比，寻找彼此的相似性与共同点——试图从其他领域证明混凝土不仅是一种建筑材料，还是一种文化或传播文化的媒介。从研究的结果来看，并非历史赋予了混凝土文化特性，而是在各个历史阶段混凝土的天然特性都能有所体现。第十章介绍了作为建筑材料的混凝土随着社会认知与社会需求而经历的兴衰变迁。

从研究的动机来讲，与其说是混凝土自身特性吸引着福蒂，不如说是其文化亲和的特性吸引着福蒂对这种建筑材料进行历史考古的。正如福蒂的学生布莱奥尼·费尔(Briony Fer)评价的那样："或许在研究混凝土之前，阿德里安本人就已经被社会历史和体现于混凝土中的象征性过程所吸引。”[1]

4.2 混凝土的自然属性

福蒂认为，混凝土从诞生之日起就是充满矛盾的材料[2]。这里的“诞生”有三种含义：第一种是作为新型建筑材料的混凝土被发明创造出来；第二种是混凝土被运输到施工场地加工成型；第三种诞生，就是指混凝土作为商品在工厂被加工生产出来。其中混凝土能够完美体现其自然属性的矛盾的毫无疑问是后面两种。

在混凝土被塑造成建筑构件的过程中，混凝土自身经历了形态上的变化，以水泥作为主要活性成分的混凝土在塑性时偏向于流动的、不稳定的“液体”，但是经过一段时间的养护之后，混凝土给人们的直观感受是坚实的、稳定的“固态”。这种材料形态上的转变是传统建材所不具备的，这正是混凝土在自然形态上的矛盾。

作为商品的混凝土，其矛盾性就比较复杂。正如福蒂在书中所说的那样，混凝土只有在人类的智力劳动下才会变成建筑结构与基础，在此之前它们只不过是一些砂砾、石块、水泥、钢铁的混合物而已[3]。这就是混凝土作为建筑材料的另一个矛盾之处，这种矛盾并不仅仅局限于材质形态是否属于自然，还有更深一层的

---

[1] Iain Borden，Murray Fraser，Barbara Penner. *Forty Ways to Think About Architecture*[M]. Chichester：John Wiley & Son Ltd.，2014：70.

[2] Adrian Forty. *Concrete and Culture：A Material History*[M]. London：Reiktions Books，2016：10.

[3] Adrian Forty. *Concrete and Culture：A Material History*[M]. London：Reiktions Books，2016：44.

含义，那就是混凝土与自然界之间的关系。

4.2.1 混凝土材料的自然属性

从混凝土诞生之日起，建筑师就不停地将其与传统建筑材料（木材与石材）进行比较。从建筑师的角度而言，与木材、石材相比，混凝土属于截然不同的范畴。

从成分分析，混凝土中不管是作为骨料的石子与砂砾，还是作为黏合剂的水泥都是取材于自然界，与传统的石材、木材并无区别。但是，仍然有很多建筑评论家一再坚持混凝土是人造材料且远远优于传统自然材料的论调，比如混凝土坚定的拥护者奥古都斯·佩雷特（Auguste Perret，1874–1954）就曾评价道："混凝土是我们人类创造的材料，远比传统石材美丽而高贵。"[1]

然而从化学的角度而言，混凝土建筑与传统的木石结构建筑别无二致。混凝土建筑是一种混合结构，即混凝土也是水泥与骨料等的复合物。混凝土原材料来自大自然，却被看作非自然的材料，对于混凝土而言是非常尴尬的。也就是说，尽管混凝土中的原材料如水泥、骨料都来自自然界，但与它们不同的是，混凝土一直被视为人工材料而非自然材料，原因之一在于石材和木材作为构件在施工前后呈现的面貌大致相似，而混凝土在施工前是水泥与骨料的混合物，在施工后就变成了混凝土墙柱。作为水泥和骨料混合物的混凝土是没有原状态（Raw States）的，所谓原状态即原木与木建筑或石块与石建筑的关系；原因之二在于，正如自然一样，属于自然界的木材会腐化、石材会风化，等等，自然材料是

[1] Adrian Forty. *Concrete and Culture: A Material History*[M]. London: Reiktions Books，2016: 45.

具有时间性的，而混凝土在现浇后就会呈现出衰败面貌，岁月在自然界留下的老化和风化的痕迹并不会反映在这种材料上。显然，在当时的人们看来，这表明了混凝土的不完美性。至少日本建筑师隈研吾就是抓住这一点来对混凝土建筑和柯布西耶等现代建筑大师进行攻击的。但是，事实上混凝土同样存在风化的问题，时间长了也会表层脱落。

混凝土的“非自然”论令福蒂感到诧异。如果是因为混凝土在施工时需要进行二次加工而失去其“原状态”，人们就把它视为“非自然的”材料的话，这种论点明显是有待商榷的。因为石材与木材作为建筑材料时，也需要一个加工的过程。即使是搭建最原始的建筑也需要一个开采石材、砍伐树木的过程，而且随着两种建筑体系的完善，建材加工的步骤也越发复杂。例如石材除了需要开采外，还需要进行切割、打磨，盖成房屋后可能还需要后续的镂空与雕刻；木材也面临着同样的问题，而且木材相比石材更柔软、更易腐蚀，把木材加工成合格的建材需要的手续甚至比石材更烦琐。相比之下，混凝土只需要开采、混合、搅拌、注模和维护，就能做成任何需要的形状。可以说，从工艺流程的复杂程度来讲，混凝土才是更接近自然的材质。

混凝土的“非自然”论的依据主要来源于两个方面：第一方面，从人类情感的角度而言，工匠更加偏爱传统建材建成的建筑，因为不管是从建筑的建造周期还是建造期间人类的参与程度，混凝土都远远不如传统建材。混凝土建筑短短几个月的拼装施工和传统教堂动辄十几年、甚至上百年的项目周期相比，简直不值一提。除此之外，混凝土的生产几乎没有任何技术含量，只需要一辆独轮车、一个水泥搅拌器，工匠们就能迅速完成他们的任务。这给了人们一种错觉，与石匠对作品的精心琢磨相比，混凝土工人对他们的作品并没有投入热情与精力。因此，在很多人看来，混凝土筑造建筑的过程更像是机械化的工业生产，而工业化与自然本身就是对立的，因此混凝土给人一种“非自然”的印象。

混凝土作为现代意义上的建筑材料，其 150 多年的历史并没有形成混凝土语言的人文积淀，在建筑师那里，混凝土永远是一种新探索[1]，这也是混凝土在发展历程中遇到的第三次窘境。混凝土刚出现的时候，生产商就强调施工者并不需要接受足够的教育。这项工作只需要经过几天、甚至几个小时的训练就可以允许任何人上岗操作，这其实也是降低了用工成本，促进了混凝土建筑的发展。反过来说，混凝土建筑的制模工和钢筋工等工人缺乏石匠和木匠等传统手艺人的技巧和艺术，导致混凝土建筑无法发展出相关工人的技能与素质，也就使得混凝土建筑缺乏石建筑和木建筑的人文沉淀，进而否定了混凝土建筑历史人文的累积和发展。

第二方面，作为建筑材料的混凝土缺乏自己的自然特性。石材与木材都有属于自己的纹理和相应的建筑结构，这使得它们具有极高的辨识度，而混凝土却做不到这一点。施工前混凝土是一堆细碎的固体材料，施工中的混凝土是一种流动性的液态，施工后混凝土变成了一整块表面粗糙的体块。人们无法从建筑中寻找到混凝土在自然状态下的原型，因此认为这种材料是没有自然形态的。也正因如此,混凝土给人们带来一种“非自然”物质的感受。

4.2.2 混凝土与自然界的关系

尽管混凝土的原材料都是源于自然界，但其本质仍是一种人

---

[1] Adrian Forty. *Concrete and Culture: A Material History*[M]. London: Reiktions Books，2016: 87.

造的产物，而人造物本身就具有改造自然的特性，这使混凝土拥有了成为“文化媒介”的潜质。通过观察一个区域的混凝土建筑，就可以大致猜测出这个区域的居民对于“自然”的态度，而这种态度正是民族文化的一部分。正如福蒂这本书想要强调的那样，混凝土本质上是反映文化的媒介[1]。有时混凝土能够反映人与自然和谐相处的文化底蕴，但在大部分时间混凝土都代表着人类改造自然、征服自然的文化意象。

福蒂以洛杉矶河水文项目（图 4-4）为例，试图证明混凝土能够反映出人对自然的态度。洛杉矶河项目是美国在 1930 年进行的一项水文重建工程。由于洛杉矶河常年泛滥，在河水流入长滩（Long Beach）入海之前，下游的城市就已经遭到了洪水的破坏[2]。出于预防洪灾的考虑，美国政府命令美国陆军工程兵团（United States Army Corps of Engineers，USACE）花费 30 年时间，沿着洛杉矶河河岸线 51.5 千米用水泥填充河道，浇灌成了泄洪通道（图 4-5、图 4-6）。这种粗暴的环境整治手段在整个人类文明发展史中都很少见，正因如此，有人把这条河流称为 20 世纪美国城市规划的伤痕[3]。

无法否认，洛杉矶河的大面积泛滥确实给当地带来了巨大的财产损失。而且由于人们长期将工业废水和生活垃圾投入河流，造成的污染威胁到了洛杉矶城人民的健康安全。不过，这并不代

---

[1] Adrian Forty. *Concrete and Culture: A Material History*[M]. London: Reiktions Books，2016: 10.

[2] Mike Davis. *How Eden Lost its Garden: A Political History of the LA Landscape*[J]. *Capitalism Nature Socialism*，1995，6（4）: 1-29.

[3] 刘银燕 . 洛杉矶河——美国二十世纪城市规划的伤痕 [J]. 中外建筑，2001（6）: 45-46.

表着美国人除了填河之外别无选择。在此之前，由弗雷德里克·L.奥姆斯特（Frederick L.Olmsted Jr.，1870–1957）和哈兰·巴塞洛缪（Harland Bartholomew，1889–1989）设计了一套相对温和的应对方案，他们希望洛杉矶政府开辟一块100000英亩的土地作为吸收洛杉矶河泛滥的洪水的泛滥平原，这些土地除了吸收河水之外还可以作为洛杉矶城休闲娱乐的场所。但是土地拥有者们希望把这块土地开发成更有利润的住宅，或改作其他用途，所以弃置了这项方案[1]。可以说，在洛杉矶割下这条长达51千米的混凝土伤疤的并不是泛滥的洪水，也不是难以治理的污染水，而是隐藏在这些混凝土背后的崇尚经济效益的美国文化。

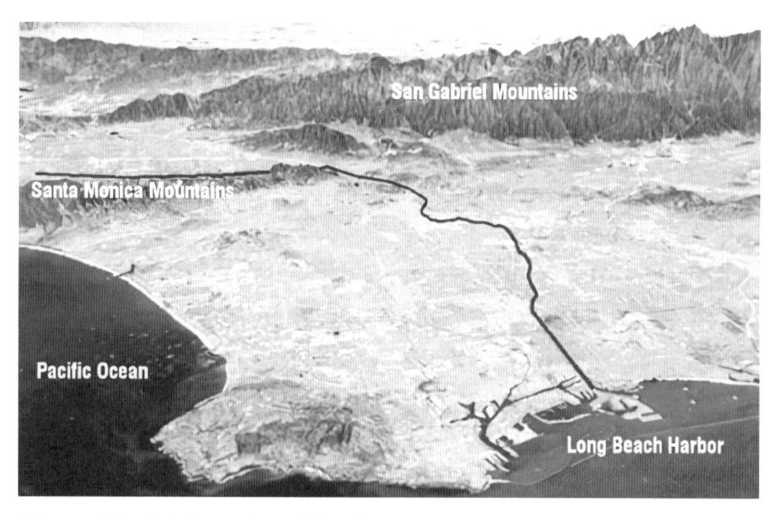

图4-4　洛杉矶河范围示意图（美国陆军工程兵团，1991年）

[1] Mike Davis. *How Eden Lost its Garden: A Political History of the LA Landscape*[J]. *Capitalism Nature Socialism*，1995，6（4）：1–29.

图 4-5 洛杉矶河现状 1

图 4-6 洛杉矶河现状 2

如果说上文提到的展现德国风景和德国民众精神风貌的高速公路项目反映的是德国人尊重自然的民族文化，那么洛杉矶河项目就充分反映了美国人纯粹以效率为主导、精明实用的民族文化。人们很难指责美国这种效率主导的文化是错误或野蛮的，或者认为这种效益至上的文化就一定比德国尊重自然的文化低劣。每种文化都有自己的时代局限性，或许在那个时期这是美国人最好的选择。

值得一提的是，近些年美国人似乎意识到了当时的想法过于激进，2005 年洛杉矶政府响应环保人士的要求，重启了洛杉矶河流复兴总体规划的项目（图 4–7、图 4–8），短短两年时间就把 32 英里长的混凝土泄洪通道改造成了绿地[1]。由此可见，混凝土与自然的关系并非一成不变的，它会随着人类对自然认知的转变而随时调整。

图 4–7　洛杉矶河修复规划图

[1]　卫·弗莱切尔．景观都市主义与洛杉矶河 [J]. 高健洲，译．风景园林，2009（2）：54–61.

图 4-8 洛杉矶河修复效果图

4.3 混凝土与文化

在 20 世纪初，作为建筑新材料的混凝土材料和钢结构在欧美得到迅速发展，但是到第二次世界大战后，才显现出建筑新材料的地缘分布，美国被认为是钢结构的发展重镇，而欧洲则成为推动混凝土结构的重要地区[1]。第二次世界大战后的欧美政治冲突，甚至转移到对待建筑材料的态度上，欧洲对钢结构的抵制也代表着对美国政治与文化的抵制。直到 70 年代，新旧大陆的材料地缘性区别才渐渐泯灭。

在发展初期，混凝土存在地域性或者国家性等政治或者地理

[1] Adrian Forty. *Concrete and Culture: A Material History*[M]. London: Reiktions Books, 2016: 118.

上的差别，每个国家、每个地区都有以自己厂家命名的混凝土材料。对此，学者们直到第一次世界大战之后的20世纪20年代，都在努力证明混凝土是无地域差别的，同时混凝土的发展与国际风格裹挟在一起。到50年代以后，当人们对国际风格展开批判时，又开始寻找混凝土的地域性证据[1]。

混凝土自出现以来，就具有灰蒙蒙的色彩、粗糙且狰狞的外表和缺乏随时间而产生的风化（时间印迹，缺乏时间感）等特征，成为纪念性的建筑物或构筑物的常用材料[2]，如纪念碑和纪念馆等。纪念碑都是反遗忘、强调对过去重大事件和重要历史人物的铭记，大多令人产生沉重的沧桑感和压抑感，而这正是混凝土具有的重要特征。也正是这一点——混凝土建筑的厚重和灰蒙蒙的压抑感，导致很多人反对采用混凝土来做（生活区的）建筑材料。

但是，纪念碑的庄严性、体块性和压抑性，与混凝土现浇性、厚重性和灰黑性取得了某种形式和色彩上的勾连。混凝土色彩恒定性（浇筑出来就好像永远是灰黑色）的表面特征（缺乏时间感），与纪念碑对过去的纪念（对时间的感知）存在着冲突，但是混凝土的这种灰色的压抑性刚好弥补了这种不足。混凝土的厚重性难以破坏的形象，也符合纪念碑初衷——希望纪念碑能永恒存在，抵消时间对记忆的销蚀[3]。而且，混凝土的反时间的惰性最适合用来抵御人类记忆的遗忘，是纪念碑选择的不二材料。

---

[1] Adrian Forty. *Concrete and Culture: A Material History*[M]. London: Reiktions Books，2016: 102-103.

[2] Adrian Forty. *Concrete and Culture: A Material History*[M]. London: Reiktions Books，2016: 197.

[3] Adrian Forty. *Concrete and Culture: A Material History*[M]. London: Reiktions Books，2016: 203.

虽然福蒂的这本书主标题定为“混凝土与文化”，但书中却没有任何一个章节具体讲述两者之间更细微的关系；副标题“一部材料的历史”点出了该书讨论的是混凝土的历史，但是作为文化载体的混凝土所承载的历史何尝不是人类的文化史！

该书的十章并没有直接的联系，混凝土与文化之间的关系是串联它们的线索。福蒂分别从混凝土的属性与自然文化之间的联系、混凝土的发展与国家政治文化之间的联系、混凝土被人们所赋予的文化意象等来介绍混凝土的发展历史。

4.3.1 混凝土与现代化意象

人们在讨论一件事物是否属于现代的时候，首先考虑的是这件事物出现的时间。不可否认，在人们的潜意识中，新鲜事物带来的“进步”“现代化”和“文明”的文化意象要远比古老的事物强烈。而混凝土却超越了时间的约束，同时兼具了先进与落后的文化意象，因此学者们很难判定它是否是现代化的建筑材料。

1849 年由法国人约瑟夫·路易斯·兰伯特（Joseph Louis Lambot，1814—1887）设计的水泥船（Iron-reinforce Cement Boat）震惊了全世界，在钢筋混凝土发展史上留下了不可磨灭的一笔。在同一时期，法国人弗朗克斯·亨内比克（Francois Hennebique，1842—1921）于 1892 年完善了整个钢筋混凝土的建造流程，注册了属于自己的专利，并创建了当时规模最大的钢筋混凝土生产公司。这些成就让法国在混凝土领域获得了绝对的话语权，法国人也自豪地宣布法国是混凝土的发源地。法国评论家保罗·加莫特（Paul Jamot，1863—1939）在 1926 年的一篇文章中宣称：“在 80 年前，法国人发明了钢筋混凝土结构，并第一个把它们进行了应用。"[1] 尽管如今法国不再像从前在这个领域占据着主导地位，他们也不愿放弃混凝土发明国的荣耀。1949 年，法国为了纪念兰伯特水泥船发明 100 周年，举办了一场盛大的纪念活动，并借此来突出强调法国对钢筋混凝土工业和建筑领域做出的杰出贡献。

当然对于这个论调不乏反对的声音，西里尔·西蒙尼特（Cyrille Simonnet）曾强调说："混凝土在许多不同的地方被发明了很多次。"[2] 在维特鲁威的《建筑十书》第二书中就记载着，早在古罗马时期就已经有应用火山灰烧制混凝土的工艺。[3] 不过直到 20 世纪初期，人们仍然将混凝土视作一种"发达的""先进的""现代化的"材料。此时已经距古罗马人使用混凝土长达千年之久，因此通过发明年代来判断材料是否具有现代特性是不可靠的。

和时代理论相比，另一种理论无疑更加可靠。那就是混凝土的现代化意象很有可能源于其现代化的生产与经营模式。19 世纪混凝土在西欧各国开始投入了工业化生产，英国、法国、德国相继开始了水泥生产竞赛。19 世纪末期，法国的水泥产量已经达到了惊人的 114 万吨。

除了生产规模的工业化之外，混凝土的生产模式与施工模式也是按照现代化的标准进行的。为了对混凝土的生产进行科学的

---

[1] Rejean Legault. *"L" Appareil de l'architecture Moderne: New Materials and Architectuaral Modernity in France, 1889–1934*[D]. Cambridge: Massachusetts Institute of Technology, 1997: 251.

[2] Adrian Forty. *Concrete and Culture: A Material History*[M]. London: Reiktions Books, 2016: 104.

[3] 马尔库斯·维特鲁威·波利奥 . 建筑十书 [M]. 高履泰，译 . 北京：知识产权出版社，2001：45.

限定，德国人制订了一套专业的混凝土工业生产标准。与此同时，为了保证混凝土结构与施工的可靠性，欧洲各国的混凝土生产商出台了配套的系统，并对此申请了专利。[1]

从工业化的程度来讲，混凝土是当之无愧的现代化材料。这从 1925 年巴黎艺术装饰展的官方报告就可见一斑，报告的作者马塞尔·玛格纳（Marcel Magne，1877–1944）这样评论道："如果人们只能选择一种现代主义建筑的材料的话，那毫无疑问就是混凝土。"[2]

混凝土作为材料，集现代与古老于一身。首先，混凝土是一种古老的材料，在 20 世纪初人们的眼中，混凝土是古罗马时期的远古材料的复活，因而具有古老的、粗犷的和落后的特征。那些出现在柯布西耶《走向新建筑》中的美国粮仓和工厂的混凝土建筑照片，班纳姆称之为"高贵的野蛮"[3]，就表达了混凝土这种材料的内在冲突和不完美性。相对同时代出现的钢结构而言，混凝土总是作为现代性的反面——福蒂称之为"Mud"的形象。早期混凝土材料用来建造花园中的花池和造价低廉的乡民住宅，总之是不受待见的低卑身份。

其次，混凝土作为当代材料也获得了现代性，（欧洲）现代主义建筑成长史其实就是一部混凝土发展完善的历史。在 20 世纪

---

[1] Adrian Forty. *Concrete and Culture: A Material History*[M]. London: Reiktions Books，2016: 237.

[2] Rejean Legault. "*L" Appareil de l'architecture Moderne: New Materials and Architectuaral Modernity in France，1889–1934*[D]. Cambridge: Massachusetts Institute of Technology，1997: 213.

[3] Adrian Forty. *Concrete and Culture: A Material History*[M]. London: Reiktions Books，2016: 23.

中叶，混凝土凭借现代主义建筑声誉而身价大涨。作为现代性的混凝土早期出现在意大利人安东尼奥·圣埃利亚（Antonio Sant Elia，1888–1916）关于未来都市的构想草图中，还有法国人托尼·加涅（Tony Ganier，1869–1948）在 1917 年提出的“工业城市”的畅想图中[1]。作为现代主义的姿态出现的马赛公寓（作为它的光辉城市的前期试验），柯布西耶最初设想的材料是现代钢结构，后来由于钢材紧缺，不得已采用混凝土[2]，也颇具讽刺意味。

当然并不是所有人都赞同混凝土的现代化意象，福蒂认为即使是当时被法国先锋派追捧为现代混凝土建筑大师的佩雷特也在有意无意地和“现代性”保持着距离。福蒂援引了玛丽·多莫伊（Marie Dormoy，1875–1956）对佩雷特的评论：“佩雷特认为混凝土是‘高贵的’，而不是‘现代的’。”[3]

到了 20 世纪 30 年代后，钢结构的出现严重威胁到了混凝土“现代化”材料的地位。法国先锋派艺术家立即抛弃混凝土，转而投向了对钢结构的研究。事实上并不是这些学者“喜新厌旧”，而是在混凝土是否具有现代性这个问题上，确实值得商榷。

相比于钢结构，混凝土最大的问题在于过低的技术含量。很难想象，只需要不到一个星期的培训，任何人都能够熟练掌握这种被学者们追捧为“最先进的”、最能代表“现代化”的材料。福蒂援引水泥开发商亨内比克的观点评价道：“很难想象我们用这样

[1] Adrian Forty. *Concrete and Culture: A Material History*[M]. London: Reiktions Books，2016: 36.

[2] Adrian Forty. *Concrete and Culture: A Material History*[M]. London: Reiktions Books，2016: 37.

[3] Adrian Forty. *Concrete and Culture: A Material History*[M]. London: Reiktions Books，2016: 236.

简单的手段去处理一种‘先进的’材料。”[1] 除此之外，混凝土从生产、搅拌、制模、脱模、养护甚至到最后的拼装，每个生产环节都离不开人类的参与。混凝土对手工劳动的高度依赖无疑是人们抨击其现代性的有力依据。

对于混凝土现代性的争议远远不止于此，即便是同一时代的人对混凝土现代性的认知也是不尽相同的。对于贫困国家的国民而言，混凝土毫无疑问是现代化的材料，它能给当地居民提供大量的住房，消除贫困。而对于发达国家的人而言，因为自尊心的作祟，希望有别于这些贫困的国家，在潜意识中认为混凝土其实是一种代表着“落后”“贫穷”的材料，并产生抵触情绪。

综上所述，混凝土兼具着完全矛盾的两种文化意象，并在二者之间摇摆不定。事实上，这种含混性还要持续很长的一段时间，因为即使到现在也没人能说明混凝土究竟是代表“现代性”还是“落后性”。

4.3.2 混凝土自身的文化意象

在很多建筑学者看来，混凝土是一种均质、中性、没有自我特征需要表达的材料。建筑师佩卡·皮特卡宁（Pekka Pitkänen，1927–2018）曾经这样评价道：“混凝土是一种没有任何绝对价值的材料……清水混凝土没有任何价值，几乎什么都不是。”[2] 在他们的眼中，混凝土只是一种文化载体，其自身并不代表任何文化，

[1] Adrian Forty. *Concrete and Culture：A Material History*[M]. London：Reiktions Books，2016：29.

[2] M. Heikkinen. *Elephant and Butterfly：Permanence and Chance in Architecture*[M]. Helsinki：Alvar Aalto Academy，2003：77–88.

或者具有任何文化上的含义。

需要强调的是，混凝土被赋予的文化意象和混凝土作为媒介所反映的文化意象是两个截然不同的含义。前者强调的是由于混凝土具有某种物理特性，正好与时代特征相互吻合，因此被赋予了相应的文化意象；而后者强调的是混凝土是一种传播文化的中介，其自身没有任何文化含义。例如，该书第六章与第七章着重描写的是混凝土自身的文化意象在“教堂”和“纪念建筑”这两种特殊建筑中的表现，强调混凝土具有被赋予文化意向的潜质。

19 世纪末至 20 世纪初以来，混凝土教堂并不多见，因为粗糙的混凝土被视作廉价粗野的材质。在当时人们看来，即便不得已使用了混凝土，也要用其他材质将其粗糙的表面掩盖起来。以建筑设计师威廉·巴特菲尔德（William Butterfield，1814−1900）设计的威斯敏斯特教堂（Westminster Cathedral）为例，巴特菲尔德认为砖材远比混凝土神圣而郑重，为了不让混凝土威胁到保守世界的教会，因此他计划用贴砖的方式来隐藏暴露在外的混凝土的结构，可惜这个方案因为资金的限制被搁浅了[1]。在这个时期，混凝土被赋予的文化意象是野蛮而低贱的。

混凝土再一次被赋予文化意象是在第一次世界大战和第二次世界大战期间。混凝土被广泛地用于军事和民用用途，如防波堤和碉堡等。混凝土最大的特点在于坚固的防御力，一直以来裸露的混凝土总是让人联想到残酷的凡尔登战役和战争中的军事防御工程，所以很多建筑师认为混凝土是一种反文明的建筑材料。在他们看来，看到混凝土就不得不与战争联想起来，这也是混凝土最

[1] Adrian Forty. *Concrete and Culture: A Material History*[M]. London: Reiktions Books，2016: 170.

初被赋予的文化意象。英国建筑师查理斯·赫伯特·莱利爵士（Sir Charles Herbert Reilly，1874–1948）曾在1924年的温布利帝国展览会（Empire Exhibition）上做出这样的评价："每当我看到裸露的混凝土的时候，都不禁想起残酷的战争和它带来的影响。"[1]

但是在不久之后，混凝土的文化意象又被进行了更深层次的挖掘，延伸出了截然相反的含义。法国理论学家保罗·维利里奥（Paul Virilio，1932–2018）在对第二次世界大战进行反思时曾经提到："在第二次世界大战期间，欧洲各国广泛使用混凝土作为防御工事和防空洞的建筑材料，这使得混凝土的自身文化含义发生了转变。混凝土筑造的堡垒为人类提供了最原始的需求，那就是作为一个避难所……混凝土通过它的强大的保护性为生命提供着庇护。"[2] 这样一来，混凝土被赋予了与其最初的"战争""侵略"截然相反的含义，那就是"安全"和"庇护"。第二次世界大战之后，混凝土的这种特殊含义与教堂的精神庇护功能达成了一致，因此混凝土成为教堂建设中重要的组成材料。值得一提的是，当时欧洲又笼罩在冷战核威慑的阴影下，混凝土恰好又具有抵抗辐射的功能，所以被视作一种具有安全感的材料。

第二次世界大战结束后，欧洲到处都是轰炸过后剩下的断壁残垣，贫瘠的土地上布满了凹凸不平的战壕与弹坑，就好像混凝土未经修饰的粗糙表面一样，于是战争给混凝土带来的除了"保护"与"安全"的意象之外还有"贫困"与"苦难"。战争带来的伤痛

[1] Saran William Goldhagen，Réjean Legault . *Anxious Modernisms, Experimentation in Postwar Architectural Culture*[M]. Cambridge：The MIT Press，2001：165.

[2] Paul Virilio. *Bunker Archaeology*[M]. Trans. G. Collins. New York：Princeton Architecture Press，1994：43–47.

让人们开始进行反思，为了重新吸引教众，教会舍弃了其华丽的形象，重新找回朴素、贫苦、平凡的意象元素。法国神学家阿贝·保罗·温宁格（Abbe Paul Winninger）认为，“最贫穷的教堂才是天堂最有力的象征”[1]，而混凝土这种材料契合着他们的需求，代表着基督教徒对于世俗权力和财富的放弃，这也与基督教的教义暗合。象征着“贫困”与“苦难”的混凝土教堂，把内部与外部隔绝开来，在给予人们安全感的同时，时时刻刻提醒着人们来自外部的威胁。但是进入 21 世纪后，和平富足的生活逐渐把混凝土“贫困”“苦难”的文化意象冲淡，最终消失不见。

事实上，战争还在纪念建筑中赋予了混凝土文化意象。最初人们认为混凝土是一种具有遗忘性的材料，并不适于纪念建筑。这是因为混凝土风化不明显（实际上混凝土也存在风化），导致其与木头、砖块和石块等材料相比，被人们认为是一种缺乏时间痕迹的惰性材料。

反对者认为，在混凝土材料上看不到过去与未来，而看不到时间的印迹恰好是混凝土的劣迹。正如法国著名哲学家列斐伏尔（Henri Lefebvre，1901—1991）就曾经说过：“在（混凝土）这里我读不出世纪，读不出时间，读不出过去，也读不出可能性。”[2] 也就说，混凝土的永恒性是与人类记忆相互排斥的，这是因为混凝土的永恒的特征导致无法在其中写入相关的人类的历史记忆。因此在 1939 年以前，所有从事纪念建筑工作的设计师更加偏爱石材。

---

[1] Adrian Forty. *Concrete and Culture: A Material History*[M]. London: Reiktions Books，2016: 187.

[2] Henri Lefebvre. *Introduction to Modernity*[M]. Trans. John Moore. London: Verso Books，1962: 119.

和威斯敏斯特教堂一样，即使纪念建筑采用了混凝土结构，设计师也坚持在外表装饰一层石材，他们认为裸露的混凝土代表着对死者的不敬。[1] 这时混凝土被赋予的文化意象是“反时间的”“被遗忘的”，这与纪念碑建筑的需求正好相反。

但是残酷的第二次世界大战引起人们的反思，建筑设计师希望纪念战争中失去生命的民众，以及时时刻刻提醒世人铭记战争所带来的苦难。混凝土那种不易被风化以及被时间所遗忘的特性被解读为“相对不灭性”，使混凝土由此成为纪念建筑所推崇的建筑材料。前面已经阐述过，建筑师们认为混凝土的反时间的惰性最适合用来抵御人类记忆的遗忘，是纪念碑选择的不二材料。之前那种“反时间的”和“被遗忘”的文化意象转而被解读为“永恒的”“不灭的”。除此之外，混凝土筑造的纪念建筑还有其他传统材料无法比拟的优势，比如混凝土结构的自由度、低廉的造价成本以及浑厚沉重的体块感。

不过，上述这些都不是混凝土在纪念建筑中如此受推崇的原因。纪念建筑本身的设计目的是为了缅怀过去，是一个沉浸于过去的建筑。而混凝土却是一种面向未来的材料，在 20 世纪早期混凝土代表的现代化意象才是纪念建筑所真正需要的。纪念建筑除了对过去的缅怀之外，还有能够鼓舞人们走出伤痛、面向未来的价值。换个方式来说，混凝土把纪念碑从落后和陈腐中解救出来，赋予其一种现代性,这种更深层次的“对过去的反思与未来的展望”的文化意象完全符合纪念建筑的设计初衷。

[1] Adrian Forty. *Concrete and Culture：A Material History*[M]. London：Reiktions Books，2016：199.

4.4 混凝土的政治属性

根据加布里埃尔·A. 阿尔蒙德（Gabriel A. Almond，1911-2002）的观点，政治文化是一个民族在特定时期流行的一套政治态度、政治信仰和感情，它由本民族的历史和当代社会、经济和政治活动进程所促成[1]。政治与混凝土这两种看似毫不相关的人类活动产物，首次被福蒂如此细致地通过文化关联了起来。在书中，福蒂围绕着国家之间政治博弈对混凝土的发展，以及国家内部政策与混凝土之间的关联对两门学科进行了探索与研究。

4.4.1 混凝土与社会发展

福蒂认为，20 世纪初期的很长一段时间，混凝土都是与左翼激进主义者相关联的。以 1913 年在布雷斯劳（Bresalau）举办的纪念莱比锡战役[2]（Battle of Leipzig）胜利 100 周年活动为例。这从本质上讲是一场对德国皇室有利的爱国主义和帝国主义的宣传活动，但是当时的普鲁士皇帝威廉二世（Wilhelm II von Deutsch-land，1859-1941）却拒绝入场，因为他认为这是由社会民主党组织的民主性的活动，而给他带来这种直观感受的正是纪念活动的举办地点——百年纪念堂（Centennial Hall）。该建筑是由建筑师马克思·博格（Max Berg，1870-1947）设计的，其设计的本意

[1] 王娜娜，杜娜．浅析英国的政治文化的特点 [J]. 中国商界（下半月），2008（5）：272.

[2] 莱比锡战役是 1813 年 10 月发生在德国莱比锡附近的著名战役，普鲁士皇帝腓特烈·威廉三世（Friedrich Wilhelm III）带领他的臣民反抗法兰西第一帝国皇帝拿破仑侵略。这次战役以普鲁士的胜利而结束，彻底粉碎了拿破仑统治德意志的野心，并为反法同盟赢得最终的胜利打下了坚实的基础。

是希望用这个当时世界上最大的大厅将各个阶级的人们联合起来，提高社区的凝聚力。这种代表着左翼文化的设计意象无疑使威廉二世产生反感。这并非威廉二世过度敏感，事实上当时的政界普遍认识到了这点。早在威廉二世到访的5个月前，评论家罗伯特・布鲁尔（Robert Breuer）就对这座建筑进行了评论："钢筋混凝土和民主的意象被结合到了一起。"[1]

钢筋混凝土这种让各种骨料紧密结合到一起的特征提供了一种将人们紧密联系到一起的意象，似乎在有意无意地暗示着人们要去增强集体意识。这种团结的文化意象在俄国十月革命（October Revolution）后得到了进一步强化。苏联小说家菲奥多尔・格拉德科夫（Fyodor Gladkov，1883–1958）创作的现代主义小说《水泥》（*Cement*）就在表达着这个含义，作者借小说主人公格列布・楚马洛夫（Gleb Chumalov）之口对混凝土的文化意象进行评价："水泥是一种牢固的黏结剂，水泥就是我们——工人阶级。"[2]

混凝土在作为传达政治信息的媒介之外，还会和政治产生相互影响。苏联为了解决住房短缺，大力发展装配式混凝土建筑就是一个例子。1954 年 12 月 7 日，时任苏联共产党中央委员会第一书记的尼基塔・谢尔盖耶维奇・赫鲁晓夫（Nikita Sergeyevich Khrushchev，1894–1971）以国家元首的身份，对国家的混凝土

---

[1] Robert Breuer. *Die Hilfe：Zeitschrift für Politik，Wirtschaft und geistige Bewegung*[M]. Berlin：Osmer，1913：348.

[2] Fyodor Gladkov. *Cement*[M]. Trans. A. S. Arthur，C. Ashleigh . Evanston：Northwestern University Press，1994：103.

发展方向进行了限定与规范。[1]

赫鲁晓夫希望通过大规模地发展装配式混凝土建筑来解决苏联当时面临的住房和建筑熟练工严重短缺的问题，装配式建筑建造快和不需要熟练工的优势完美契合着苏联当时发展的需要。而且当时还有另外一个政治背景，那就是赫鲁晓夫宣称苏联要在1966年之前，在物质生活质量上赶超美国。[2] 因此，装配式混凝土的施工方式由苏联政府领导自上而下地广泛推广，甚至在东欧的其他国家也能看到这种由时代催生的建筑的影子。可以说，在苏联混凝土的发展是受到政治操控的。

虽然这种建筑方式在短期内刺激了苏联的经济发展，但是装配式建筑有着巨大的缺陷，如建筑的造型单调，楼层层数受限，使用寿命短（40–50年就需要大维修），且不易变更为其他用途，这些都是导致装配式建筑在20世纪末被逐渐淘汰的原因。而且这些建筑在目前都面临着拆除和改建的问题，可是当初的修建规模过大，让国家很难负担得起拆除与重建工作，这在一定程度上也影响到了当地政治局势的稳定。2000年，世界卫生组织的官员曾经对此做出预言，这些混凝土建筑很有可能无法像当时人们宣称的那样促进民族与社会的团结，反而很有可能对这些地区的政治稳定造成威胁，最终引发革命。[3] 混凝土用这样的方式反向影响着国家的政治。

---

[1] Rosalind P. Blakesley，Susan A. Reid. *Russian Art and the West*[M]. Dekalb：Northern Illinois University Press，2007：157–194.

[2] Adrian Forty. *Concrete and Culture：A Material History*[M]. London：Reiktions Books，2016：158.

[3] Adrian Forty. *Concrete and Culture：A Material History*[M]. London：Reiktions Books，2016：167.

4.4.2 混凝土与政治斗争

混凝土与政治之间的关系除了反映在国家内部的政治活动中，还在国家与国家之间的政治博弈中有所体现。第二次世界大战结束后，为了脱离美国的掌控，欧洲各国以混凝土材料为战场，展开了一场抵制美国文化的政治斗争。

20 世纪初期，在欧洲一直有着这样一种观点，那就是混凝土是欧洲最具代表性的材料，而钢结构则是美国的建筑材料。这正如 20 世纪 60 年代流传于欧洲建筑界的一句话所说的："欧洲工程师对于钢筋混凝土的偏爱，就像美国人对于钢结构的偏爱一样明显。"[1] 一种奇特的以建筑材料区别地区文化的方式开始形成，人们习惯性地把欧洲称为"混凝土的国度"，把美国（北美洲）称为"钢铁之国"。这种评价也得到了美国人的认可。虽然美国在钢筋混凝土方面的技术在某种程度上可能比欧洲还要先进，但是他们认为"钢结构"的工业化程度远远高于混凝土，所以钢结构更能代表美国朝气蓬勃的意象。

在很长一段时间里，欧洲和美国都是互相认可的，欧洲对于"钢结构"也没有明显的抵触。但是随着第二次世界大战的结束，欧洲人对于美国在欧洲地区的事务影响力表现出了不安与反感，象征着美国文化的"钢结构"也遭到了欧洲建筑学者的抵制。为了和"钢结构"抗衡，欧洲学者们努力提升混凝土的国际地位。

1957 年，意大利建筑师吉奥·庞蒂（Gio Ponti，1891—1979）在他的著作《赞美建筑》（*In Praise of Architecture*）中曾经这样

[1] Pual Heyer. *Architects on Architecture: New Directions in America*[M]. Harmondsworth: Walker and Company, 1967: 271.

评价道:“作为一名意大利人，我一直认为一座混凝土制作的建筑，不管其新旧与否，作为一座建筑它都是完整的。而钢结构制作的只不过是骨架，并不完整……钢铁制作的建筑，至少在我们意大利人看来还不存在。”[1] 以混凝土为战场,欧洲与美国进行了一场没有硝烟的政治战争。

不过，混凝土带来的政治斗争并不局限于第一世界发达国家。近几十年来，随着混凝土发展重心向亚洲转移，政治斗争的重心也随之转移。千禧年伊始，发展中国家消费的混凝土总量已经远远超过发达国家。以中国为例，到 2019 年底，中国消费的水泥占全球消费水泥总量 55%[2]。水泥制造带来的环境污染以及碳排放问题成为发达国家和发展中国家的矛盾焦点，发展中国家对混凝土需求的激增带来的环境污染，成为发达国家攻讦的目标。而发展中国家确实需要大量的住宅和工业化设施来尽快完成本国的现代化进程，在他们看来，发达国家对于发展中国家的限制是自私且不合情理的。这种文化与政治立场上的矛盾在混凝土这种材质上体现得淋漓尽致，而且这种矛盾或许在相当长时间内仍然是无法调和的。

4.4.3 混凝土文化的地域性

长期以来，混凝土被认为是一种国际性的材料，因为它几乎不受地域的限制，适用于世界各地的建筑。对此，法国企业家弗

[1] Gio Ponti. *In Praise of Architecture*[M]. Trans. Mario Salvadori. New York：F. W. Dodge Corp.，1960：32.

[2] 宋志平 . 中国是全球最大的水泥消费国，占全球约 55%[EB/OL]. 水泥人网，（2019/9/17）[2019/12/25]. http：//www. cementren. com/2019/0917/60557. html.

朗克斯·科格内特（Francois Coignct，1814–1888）曾这样评价道：“无论在巴黎能做什么，在世界各地都能做同样的事。”[1] 因此，混凝土被认为是不同国家与地区之间融合的象征。值得注意的是，西方学者强调这种融合是由西方社会主导进行的。于是，混凝土成了西方学者宣扬本土文化、提高国际地位的一种方式。

虽然全球各地的水泥成分基本相同，但是限于制作成本，混凝土的骨料基本是在当地开采的，这使得混凝土最终生成的纹理不尽相同。而且各个地区的气候、历史背景、民风习俗也是有着差异的，就算建筑材料完全一致，各地建筑方式也明显不同，这无疑为混凝土地域性理论的推广打开了一道缺口。

福蒂认为，近几十年来，起源于西方的混凝土已经迅速发展到了世界各地。巴西和日本在混凝土的应用上逐渐追上了欧美的脚步。巴西本土混凝土文化脱胎于欧美，因为巴西早期的建筑师和工程师都是由欧美移民过来的，其建筑形式也是模仿美国的钢结构和欧洲的混凝土结构。

直到 1939 年纽约世博会，由卢西奥·科斯塔（Lucio Costa，1902–1998）和奥斯卡·尼迈耶（Oscar Niemeyer，1907–2012）合作设计的巴西馆建成，象征着以尼迈耶为首的巴西卡里奥克学派（Carioca School）正式走上世界建筑的舞台。巴西建筑学界借此崭露头角，在世界建筑舞台上占据了一席之地。

在大洋的彼端，日本也在探索本民族混凝土的未来。在发展前期，日本建筑师面临着和巴西建筑师相同的困境，大部分本土设计师都是从欧洲和美国留学归国，早期的日本建筑也留有欧美

[1] Francois Coignet. *Bétons Agglomérés Appliqués à l'art de Construire*.[M]. Paris：Nabu Press，1861：81.

建筑的烙印。后来，日本把目光回溯向自己本国的传统建筑，以便汲取灵感。因为日本是一个地震多发的国家，其传统建筑一般为木结构，木材具有良好的抗震性能，因此具有良好抗震性能的混凝土也深受日本建筑师的喜爱。日本建筑师有意无意地把混凝土材料发展的方向向本国传统木结构靠拢，甚至混凝土的表皮都要像传统木材那样做得光滑平整，由此发展出一条不同于欧美国家的混凝土建筑路线。

这种缘起于东方哲学体系的仿木加工方式，让欧美建筑师颇为费解。扎哈·哈迪德（Zaha Hadid，1950–2016）对此就表示过异议，她在评价安藤忠雄的建筑理念时强调："我更喜欢建筑有些原始的特质，这样会显得它们生机勃勃，根本没有必要把混凝土表面做得如此光滑。"[1] 尽管东西文化有所冲突，但是欧美建筑师们无法否认，日本建筑界已经脱离西方的掌控，寻找到了属于自己的出路。

混凝土对地域性探索的趋势无法避免，这无关混凝土的特性。每个国家都需要创造一个能持续吸引资本的新建筑形象。所谓混凝土的地域性，不过是混凝土产业为了维持资本的形态，适应本土的发展，根据文化差异制造出形态差异的过程而已。

4.5 混凝土与其他门类的类比

福蒂在该书绪论部分就表达过，他想要脱离建筑学的桎梏撰

[1] Jonathan Glancey. *I don't do nice*[EB/OL].（2006/10/9）[2019/12/25]. https://www.theguardian.com/artanddesign/2006/oct/09/architecture.communities.

写一部关于“混凝土这个材料的历史”，[1] 将混凝土与摄影进行类比就是他的一种尝试。

福蒂认为，混凝土与摄影之间的联系远比想象中密切得多，这源于两者在特性与发展历史中具有许多相似性。福蒂认为首先从时间的角度来看，混凝土与摄影这两种技术从发明（19 世纪 30 年代）到成熟（19 世纪 80 年代）的时间完全吻合 [2]。或许这本身只是一个巧合，但这种巧合却成为混凝土与摄影相互成就、密切联系的一个契机。

第二个相似点则在于色彩，早期的摄影是黑白的，而混凝土又是灰色的，两种技术因此完美地融合在一起，黑白摄影很好地展现了混凝土的灰色调；而灰色混凝土则成为黑白摄影的专用背景板，清晰地反映出影像在照片中的层次。在福蒂看来，黑白照片和混凝土的价值在于其哲学上，按照哲学家威廉・弗拉瑟（Vilém Flusser，1920–1991）的理论，“黑色和白色是概念性的色彩，所以灰色是由这些概念延伸出的理论。”[3] 即黑白照片比彩色照片更加迷人的地方就在于对其进行解读需要想象力与概念性。观看者们需要把自己的生活经验投射于黑白照片（比如人们在观察西红柿的黑白照片时，完全可以通过生活经验，分辨出它的基础颜色），通过想象力为其上色。通过这种充满趣味性的思考方式，观看者们感受到的黑白照片远比现实中的精彩得多。同样，作为与黑白

[1] Adrian Forty. *Concrete and Culture: A Material History*[M]. London: Reiktions Books，2016: 11.

[2] Adrian Forty. *Concrete and Culture: A Material History*[M]. London: Reiktions Books，2016: 253.

[3] Vilém Flusser. *Towards a Philosophy of Photography*[M]. Trans. Anthony Mathews. London: Reiktions Books，2000: 29–31.

照片具有相同色彩的混凝土也会唤醒人们的想象力，赋予其并不存在的色彩。

除了两者之间的相似之处之外，更重要的是两者的互补性。混凝土结构不像钢结构能够通过外形就向人们展现出结构的内在应力，粗犷的结构形式掩饰了其受力方式与微小的形变。这种含混性对混凝土初期的推广宣传非常不利。此时，摄影技术就成了它最有力的宣传手段。亨内比克公司通过向民众展示火灾过后的钢结构照片，向民众证明了混凝土的抗火优良性能。而且，施工公司在向业主汇报项目进度的时候，采用摄影的方式会让汇报更加直观可信。不过值得注意的是，摄影从某种角度来讲是对于混凝土结构的二次创作，它虽然真实但却不是真相。换而言之，尽管照片的内容是真实的，但施工公司及施工人员依然有办法，通过改变摄影角度的方式欺瞒观者。

但不能否认，摄影在对混凝土进行宣传的同时，也促进了现代主义思想的进步。1913 年格罗皮乌斯把美国的谷仓和工厂图片编进了德意志制造联盟的年鉴中，这些几何体的形式立即引起了欧洲建筑师的兴趣，比如柯布西耶。这些混凝土照片引起了这位第一代现代建筑大师对混凝土的兴趣，在某种程度上促进了现代建筑的发展。这些摄影图片在某种意义上赋予了混凝土形式价值，使混凝土建筑开始成为建筑艺术的一分子。可以说，正是混凝土和摄影同时成就了现代主义建筑。

4.6 小结

《混凝土与文化》一书正如前作《欲求之物》和《词语与建筑物》一样，有着相似的文章结构与研究模式，这也是福蒂在另一个领域对其独创性的历史研究模式再一次进行尝试。福蒂从混凝土与文化之间的矛盾入手，研究两者之间的相互影响和发展趋势，再次验证了他在前作中试图证明的观点——现代史的编纂需要新的研究模式。

混凝土是一种缺乏历史感的材料。人们无法确定它的起源，无法掌控它的发展方向。世界上每个民族、每个地区都有着他们自己的混凝土发展史，在这背后隐藏的是混凝土对于文化的承载与包容。用语言文字对这种缺乏历史感的建筑材料进行历史编纂，目前存在不可克服的困难。而福蒂用微观史学的研究模式，在《混凝土与文化》中给出了一种别出心裁的解答，最终获得了一份令人满意的答卷。

这部作品同样继承了福蒂前作的观念理论以及写作手法，即对日常生活的探索与对微观史学的验证。正如德雷塞尔大学（Drexel University）历史学教授艾米·E. 斯莱顿（Amy E. Slaton，1957–）在对《混凝土与文化》的书评中提到的那样："他（福蒂）坚信那些代表着混凝土最高水平的设计［由勒·柯布西耶、奥古都斯·佩雷特、路易斯·康（Louis Kahn，1901–1974）、摩西·萨夫迪（Moshe Safdie，1938–）、蕾切尔·惠特海德（Rachel Whiteread，1963–）等人设计的混凝土结构］与常规的和匿名的（爱沙尼亚电线杆和朴素的贫民窟住宅）事实上并无分别。"[1]

不过辩证来看，福蒂的这本书依然存在某些局限。福蒂在分析混凝土的现代性文化意象的时候，曾这么表述："混凝土的非现代性源于在第二世界中的大规模生产所带来的贫穷的意象。"福蒂

[1] Amy E. Slaton. *Concrete and Culture: A Material History. by Adrian Forty* (Review) [J]. *Technology and Culture*，2015，56（1）：279–281.

认为第二世界所经历的混凝土革命，在20世纪欧洲同样经历过，因此相比于发达国家，在发展中国家蓬勃发展的混凝土就是落后的象征；同样，混凝土的大规模发展所带来的污染，也与现代欧洲提倡节约环保的理念不符，这也是落后的一种体现。

然而，“现代化”本身就是一种相对说法，即相对于“过去”和“未来”而言的。事实上，“现代化”最重要的一点应该是“改变过去，展望未来”。目前，很多发展中国家正根据国内形势对混凝土的发展进行尝试性的探索，或许这种探索过程在欧美国家看来尚显幼稚，但是这种“改变现状”的决心，毫无疑是面向“未来”的。

至于带来的污染以及其他问题，那都是现代化无法避免的问题。改造社会与环境的同时，也会带来一些困境，这同样是现代化的特征之一，不能因为其负面效应就将混凝土归入落后材料的范畴中。

尽管关于该书的部分观点至今仍有争论，但是福蒂再次通过独特的研究模式和天马行空的联想力，以混凝土与文化的关系作为切入点，向读者们展示了进入现代主义后混凝土坎坷的发展历程。同样，他也向读者证明了现代史编纂的复杂性和艰巨性。

福蒂对混凝土的发展充满乐观情绪。混凝土目前被当作一种均质的、同色的、没有自己特征的“无属性”材料。在注重隐喻或修辞的后现代主义背景下，混凝土粗糙厚重的质料特征并没有获得新一代建筑师的青睐，反而是混凝土灰色的均匀色调与后现代主义强调形式本身的理念有所契合，让其作为一种“无属性”的材料获得了建筑师的认同。比如安藤忠雄就在他的建筑作品中将混凝土进行抛光处理，让其更为光滑细腻。但是这种处理手法没有让混凝土喧宾夺主，反而更加突出了建筑的形式，人们反而忽视了被精心处理的混凝土材料。

混凝土获得了现代性的文化属性，却总是或微或弱地泄露出自身的意义，来抵御人们对这种材料的中立化处理。

福蒂在《混凝土与文化》中用 10 章来讨论混凝土。事实上，这 10 章之间并没有清晰的逻辑关系，有的是围绕混凝土自身特性，即混凝土自然属性与文化属性；有的是介绍混凝土在社会生产过程中和政治上遭遇的贬抑，等等。由此可见，混凝土的历史也是现代建筑史的重要组成部分。从史学研究的角度来看，《混凝土与文化》也可以看作《欲求之物》和《词语与建筑物》的延续和进一步深化。

毫无疑问，混凝土在新的时代应该有新的文化内涵。目前我国是混凝土消耗的最大国，大量混凝土被用于修建房屋建筑、高架桥和水坝。我们有理由相信，应该是由中国建筑界来对混凝土的发展做出新的定义，赋予其新的内涵，闯出一条具有中国特色混凝土之路。

05

第五章

福蒂的“不完美性”理论

上述三部作品分别涉及工业设计、语言学与建筑材料学等学科，研究内容跨度较大。除了有相同的作者以及相似的研究模式这些共同点之外，没有任何直接的证据表明这些作品之间存在着某种联系。研究者很难通过这些作品的相似性来寻找福蒂坚守的指导理论。

2000 年 12 月福蒂在伦敦大学学院（UCL）教授就职演说上，进行了题为《未来并非完美》（*Future Imperfect*）[1] 的演讲。在演讲中，他提出了一种以西方传统文化为基底的观点，即不管建筑史还是建筑本身都是“不完美的”。“不完美性”就是福蒂的理论指导原则的核心，福蒂一生的学术研究都践行着这个原则，并贯穿上述三部作品和他的整个学术生涯。福蒂的讲座 [2] 也证明了“不

---

[1] 福蒂教授的就职演讲英文标题为 Future Imperfect，在《建筑思考 40 式：建筑史与建筑理论的现状》中文版中，把标题 Future Imperfect 译为“不完美的未来”，本书认为译为“未来并非完美”可能更符合其本意。见 Iain Borden，Murray Fraser，Barbara Penner. *Forty Ways to Think About Architecture*[M]. Chichester：John Wiley & Son Ltd.，2014：17–32. 伊恩·博登，墨里·弗雷泽，芭芭拉·潘纳 . 建筑思考 40 式：建筑史与建筑理论的现状 [M]. 葛红艳，译 . 北京：电子工业出版社，2017：15–29.

[2] 笔者于 2019 年 7 月 27 日给福蒂教授发邮件，第二天教授就回信了。关于“不完美性”，福蒂是这样说的：“Yes，I am interested in imperfection，but it is not ‘my basic idea’. It is simply one idea among others that I have thought and written about. If I have a ‘basic idea’ it is that many things in the modern world that do not add up，do not make sense（the responses to concrete being among those things）—and I want to identify some these things are in the areas of my expertise（architecture and design），and to explore how we might think about them，though I doubt that we can ‘explain’ them. ”根据福蒂教授的回信，他可能不喜欢“Imperfection”的标签，但是在信中认同事物的现状，不粉饰、不消减，如实反映它们。事

完美性”就是关键概念。

福蒂认为完美是商品美学中惯常的广告策略，商品追求“完美”的冲动源于商品流通的自我诉求，这也无形中强化了西方传统文化中的“完美”概念（如柏拉图“理念”与基督教“上帝”的观念）[1]。福蒂相信在近 50 年以来，消费品的“完美”观念迁移到建筑上，对建筑行业产生了巨大的影响，例如一些建筑学者不断追求技术和结构的完美。事实上，这种追求完美的趋势是早在进入资本主义社会之前就存在的。事实上，“完美”的概念是西方传统文化的基底。福蒂提出不同行业都有“完美”存在的影子，其本质是“完美”这一概念在西方各个领域的“迁移”。对艺术家而言，对“完美”的追求就更为执着，他们认为自然界总是留下“不完美”的遗憾，而艺术家（在混沌中创造秩序）的使命则是修补“不完美”[2]。

这种执着同样体现在学者身上，他们坚信有一种可以适用于所有历史发展的概念存在，并以此为前提进行创作。这种历史创作手法就是被塔夫里批判为“操作性”历史的研究模式。如“时代精神”或者“历史主线”，可以划归“概念”先行的历史写作，属于完美的范畴。而不承认这种概念存在的即为“不完美”的历史研究模式，例如福蒂强调日常生活事件和经验世界，两者均是

物的现状大多是现实的，而现实是不完美的，因此笔者认为此文对福蒂的不完美性“Imperfection”分析还是比较到位的。另外，根据福蒂作过题为《失望：一种羞耻的建筑享受》讲座，也可以佐证这一点。根据讲座整理出来的网络文章，见 https：//mp. weixin. qq. com/s/b2kDBDEbF4kKvmm0a0H0YQ.

[1] Iain Borden，Murray Fraser，Barbara Penner. *Forty Ways to Think About Architecture*[M]. Chichester：John Wiley & Son Ltd.，2014：21.

[2] Iain Borden，Murray Fraser，Barbara Penner. *Forty Ways to Think About Architecture*[M]. Chichester：John Wiley & Son Ltd.，2014：22.

琐碎的，属于不完美的范畴。

福蒂在布里斯托尔艺术学院任教的时候，就已经意识到引导设计师笔下的设计史发展的并非设计产品，而是设计师本人。作为设计产品最直接的缔造者，他们在设计品位这个话题上具有绝对的权威与话语权，并由此反向影响设计史。在他们笔下，设计史变成了设计师主导的风格演变历史。福蒂对此颇感怀疑，在《欲求之物》中发出了独特声音。福蒂的《欲求之物》就是从设计产业的消费品生产的日常运作展开研究。为了参透消费品生产运作，福蒂阅读了关于肥皂历史的非常厚的书籍[1]。

《欲求之物》开创性地探讨了与消费品世界有关的历史问题，即真实的设计史是消费品多方参与者之间博弈与互动形成的。虽然《欲求之物》是基于消费品的设计历史研究，但是其论点和研究方法同样适用于建筑历史。这部作品在设计研究中引入了一个新的维度，展示了如何将其（以及设计过程）理解为社会进程的一部分。也就是说，以消费品为研究对象的设计史并非时代精神的完全展开，更不是精英设计师的风格接力史，此时福蒂关注的领域只局限于工业设计。

后来福蒂在巴特莱特建筑学院任教时同样发现建筑师在建筑品位上有着和工业设计师相似的绝对权威性和主导性，并且和他们一样将建筑史写成了建筑师主导的风格演变历史——同样一幕在建筑领域再次上演了。

但事实上，在建筑产业和设计产业实际的历史演变过程中，设计师或建筑师并非享有绝对权威的主导方或实际操控者。原有的历史研究模式忽视了设计产业和建筑产业中所有者、使用者、

[1] Iain Borden，Murray Fraser，Barbara Penner. *Forty Ways to Think About Architecture*[M]. Chichester：John Wiley & Son Ltd.，2014：16.

生产者和设计师或建筑师之间的博弈与协商的实际关系。福蒂对建筑史和设计史的关注视角远离了抽象层面的概念（如基于“风格”和“时代精神”等概念），而开始从现实历史中的不同参与者之间的竞争和互动展开考察。《词语与建筑物》一书从本质上讲是一部“散装”的现代建筑史。这并不令人意外，按照正常逻辑的发展，这是福蒂将“不完美”的经验世界和现实世界从设计学领域投射于建筑领域的必然结果。

福蒂强调虽然西方过往正统史学追求完美性，但是“不完美”在历史上也是存在的。例如，拉斯金认为“不完整”（也可理解为“不完美”）也是一种恰当的表达方式[1]。柯布西耶的马赛公寓缺乏能够熟练操作混凝土的工人，由于各种限制，在这里“不完美”却是完美建筑艺术的主要原因——不完美的施工与材料却可以造就完美的艺术。

5.1 完美性的历史溯源

“不完美性”（Imperfection）是相对于“完美性”（Perfection）而存在的。福蒂认为“完美性”源于资本主义生产中商品对追求“完美性”的冲动，源于商品流通的自我诉求。“完美性”既是一种商品美学上的广告策略，也是商品自身的一种特质。当“完美性”概念从商品迁移到建筑历史领域时，与蕴含在历史研究中的欧洲传统哲学产生了共鸣，因为对“完美性”的追求是西方传统哲学的基底之一，正如法国艺术理论学者安德鲁·费力比安（André Félibien，1619–1695）曾评价的：“自然界总是留下‘不完美’

[1] Iain Borden，Murray Fraser，Barbara Penner. *Forty Ways to Think About Architecture*[M]. Chichester：John Wiley & Son Ltd.，2014：22–23.

的遗憾，艺术家（在混沌中创造秩序）则是通过修补‘不完美’来体现自我价值。”[1]

关于“完美性”的哲学命题，并没有直接作为概念提出来，而是隐秘地贯穿于整个西方世界的思想演化历程中。“完美性”的概念，实际上可以溯源到柏拉图（Plato，公元前 427– 公元前 347）的哲学主张。而以柏拉图的理念论为代表的古希腊哲学一直被欧洲学者认为是西方哲学的开端，英国哲学家阿尔弗雷德·诺思·怀特海（Alfred North Whitehead，1861–1947）曾这样评价：“整个西方哲学都是柏拉图的注脚。”[2]

在柏拉图的理念论中，世界被分为两个世界，即物质世界与理念世界。物质世界是由那些可以通过人类视觉、听觉、触觉和嗅觉等感知到的物质组成的感官世界，理念世界则必须通过人类思维进行获取，是由“理念”构成的精神世界。万事万物都有各自的理念，由此连通物质世界和理念世界。而理念是物质（尤其是人造物）的原型，是可感世界中物质的摹本[3]。从柏拉图的角度来看，可感世界的物质在模仿和分有理念，因此理念必须涵盖可感世界中所有该理念下所有可能的物质形态。比如“桌子”这个理念，必须涵盖可感世界桌子的所有可能性，如通常“书桌”和“饭桌”都是四条腿的桌子，一条腿的石桌也是桌子，就是人们把一个箱子架起来吃饭时，箱子也变成餐桌了。因此，作为理念的“桌子”必须包含人们所能列举出哪怕奇形怪状的充当桌子功能的物体。桌子的理念是一种原型，当它涵盖所有可感世界的桌子时，

[1] Iain Borden，Murray Fraser，Barbara Penner. *Forty Ways to Think About Architecture*[M]. Chichester：John Wiley & Son Ltd.，2014：22.

[2] 殷霞 . 简谈柏拉图理念论的影响 [J]. 法制与社会，2009（26）：359.

[3] 邓晓芒，赵林 . 西方哲学史 [M]. 北京：高等教育出版社，2005：46–50.

它就是完满的和无一遗漏的理念了。也就是说，柏拉图的理念具有一种"完美性"的基因，在某种意义上来讲，柏拉图的理念就是西方文化传统中"完美性"最直接的体现[1]。

柏拉图的学生亚里士多德（Aristotle，公元前384-公元前322）在理念论的基础上发展出"形式论"。"形式论"继承了柏拉图哲学的框架[2]。不过在亚里士多德的学说中，柏拉图隐秘的"完美性"基因直接演变成了艺术"完美性"概念。亚里士多德把艺术当作追求完美的真理的创造性行为[3]。福蒂在《不完美的未来》中也提到这一点，亚里士多德对艺术的定义就是"艺术通常是补全

[1] 柏拉图的《会饮篇》中关于爱情的辩论，可以当作西方完美性的一个注脚。从前世界有三种人：男人、女人、阴阳人。所有人都是圆球，生有两幅面孔、两对眼睛、两对耳朵、两个鼻子、两张嘴，身上长着四只手、四只脚（四条腿的人），走路的时候可以上下左右摇摆，前后游移。后来宙斯将三种人都一分为二，以削弱他们的力量而减少对神的威胁。凡是男人、女人被截开的都变成了同性恋者，而阴阳人被截开的变成了异性恋者。被劈开的人（两条腿的人）思恋着对方，渴望再次聚合，当他们相遇时就会发生爱情，但他们只能彼此相爱，不能真正融合在一起。在柏拉图看来，人生来是不完善的，而渴望完善、渴望灵魂的交流，渴望与旗鼓相当的同类进行互补，而这就是爱。人本身是不完美的，所以才会去爱，追求完美性，这种追求完美的冲动贯穿于整个人类书写的历史。参见：柏拉图．柏拉图全集（第二卷）[M]．王晓朝，译．北京：人民出版社，2003：205-269.

[2] 相比于柏拉图认为世界是由物质和理念构成，亚里士多德的理论更加包容，他认为世界是由形式、质料以及两者的混合物构成。他的认识与柏拉图具有惊人的相似性，只是在概念的层面给出了另一种解释。但是亚里士多德依然把他老师提出的理念作为自己的核心概念之一，并命名为"第一实体"，而且强调"形式"是事物的本质，对其起到支配的作用。详见：吕纯山．浅谈亚里士多德质料概念对柏拉图理念论的改造[C]．外国哲学（第三十三辑）．北京：商务印书馆，2017：15-33.

[3] 陈露．亚里士多德艺术观[J]．青年文学家，2015（17）：143.

自然不能完成的那部分”[1]。

西方哲学家奥古斯丁（Augustinus，354–430）将柏拉图的理念论、亚里士多德的形式论和基督教的创世说结合起来，衍生出基督教的教义[2]，其中上帝的概念就是其核心概念，且逐渐发展出“完美性”概念。上帝是“万物的创造者与主宰者（管理者），并且具有完善的、万能的、永存的性质”。换个角度可能更容易理解，就是你能想到的所有缺点，都是上帝的概念所排斥的。从中世纪经院哲学家安瑟尔谟（Anselmus，1033–1109）的“上帝本体论论证”就可以看出这一点。安瑟尔谟的证明如下：上帝不可设想比他更完满的东西，不可设想比他更完满的东西（正因为他无与伦比的完满，所以）不仅存在于思想中，而且也在实际上存在（否则他就不是无与伦比地完满了），因此上帝存在[3]。上帝论的出现不仅代表着“完美性”从哲学领域向宗教领域迁移，也代表着“完美性”的受众已经从位于社会精英阶层的哲学家转向了基层民众，这也使得“完美性”成为西方社会彻底接受的哲学基底。

黑格尔在康德哲学的基础上，结合基督教上帝创世说演化出“绝对精神”哲学思想。但是黑格尔的“绝对精神”并不完全等同于基督教中的上帝，而是理解为一种不断否定的“精神”。在他看来，“绝对精神”是一种精神实体，是客观独立存在的某种宇宙精神，自身包含着内在矛盾，展现出不断地自我否定而向前演化的精神历程。黑格尔赋予这种“绝对”的绝对性，就是西方文化中“完美性”

[1] Iain Borden，Murray Fraser，Barbara Penner. *Forty Ways to Think About Architecture*[M]. Chichester：John Wiley & Son Ltd.，2014：22.

[2] 邓晓芒，赵林 . 西方哲学史 [M]. 北京：高等教育出版社，2005：90.

[3] 邓晓芒，赵林 . 西方哲学史 [M]. 北京：高等教育出版社，2005：97.

的不经意展现。“完美性”和“绝对”都是某种极限思维和极致观念，在某种意义上讲，它们是一体的。

由黑格尔的“绝对精神”再往前推进一步，就已经涉足建筑学领域了，即吉迪恩和佩夫斯纳强调的时代精神宏观历史指导思想直接与“完美性”观念建立起某种隐秘的内在联系。西方哲学从古希腊开始，到德国古典哲学，形成了哲学发展的一个高潮。从某种意义上来讲，作为西方思想的一条暗线，“完美性”的概念到黑格尔哲学这里也达到了巅峰阶段。

俗话说“物极必反”。当西方完美性思想达到极致时，一旦人们对其研究陷入困境，就会质疑这种思想的合理性。现代哲学如现象学和英美分析哲学延续了西方传统哲学的精神，但都很快陷入了困境。20 世纪 60 年代德里达的解构主义哲学开始瓦解西方传统文化，对形而上学稳固性的结构及其中心进行消解。

正如西方当代哲学大师米歇尔·福柯所提出的，人们对事物的认识其实是受制于人们的“认识型”。这种更深层次的“认识型”并不稳定，而是时刻转变的，这种转变只能说是事物的存在方式以及把物交付给知识的秩序发生了改变[1]。人们对事物的完美性认知逐渐向不完美转变。与哲学现象同步的其他学科也纷纷开始响应，并在自己的学科领域中积极推进。首先，在历史学的编纂中开始由过去的宏大叙事的宏观史学转向日常生活的微观史学，福蒂的《欲求之物》就是在历史学界转变之际的设计界取得成果。其次，建筑学专业也积极响应，在 20 世纪 80 年代产生解构主义建筑流派，它对现代主义正统原则和标准批判地加以继承，运用现代主义的语汇去颠倒、重构各种既有语汇之间的关系，从逻辑上否定传统

[1] 王昉．话语与文学 [D]. 西安：陕西师范大学，2007：10.

的基本设计原则，由此产生新的意义。解构主义建筑用分裂的观念，强调打碎、叠加、旋转、重组，重视个体与部分本身，反对总体统一，从而创造出支离破碎和不确定感。解构主义建筑流派显然没有宣布明确追求“不完美性”，但是上述“不确定感”和“支离破碎”已经泄露了其内在的主张与特质。

从本质上讲，过去的宏大叙事历史观是社会精英阶层以“完美性”为精神内核，以自己的研究为基础的一种历史研究模式。而当代微观日常生活历史观则是对其的全盘否定，否定的内容包括精神内核、研究基础、研究模式，甚至研究者自身（社会精英阶层），可以说其“不完美性”的思想观念是相对于“完美性”而存在的。显然，福蒂作为历史学家，是在设计学和建筑学领域领悟到这种转变，并切实开始转向先知先觉之一。

5.2 不完美性理论

2000年，福蒂教授在UCL就职演讲的英文标题为Future Imperfect，这是双关词：一是当Imperfect理解为“不完美性”的话，就是“未来之不完美性”；二是当Imperfect理解为“过去未完成时”的话，也可以从“将来（过去）未完成”时态的角度来解读。

对于第一层意思，本书的理解就是，现代主义的史学研究应该建立在真实的日常资料基础（非宏观史学观）上，最终呈现出一种“不完美的”状态。未来（的研究）将会继承上面讨论过的所有层面，即未来的历史研究也是建立于“不完美性”的基础上，其研究结果也会呈现出“不完美的”形态——也就是说未来是不完美的。

英语中有过去未完成时态和将来完成时态，对于第二层意思的“将来(过去)未完成”，在语法上根本就不存在[1]。但是福蒂认为，“Future Imperfect”(未来将是不完美的)是建筑师的时态，唯有他们才能领会而且应该领会“Future Imperfect”。简单而言，就是“不完美的未来”永远没有“终止完成”的一天。

理解了福蒂的不完美性主张，再回头审视他的历史编纂方式，就会发现两者之间存在的内在关联性。从研究的内容来看，传统的历史研究主要是针对类似于宏观的国家和政权更迭，研究的成果往往是抽象的、形而上的。而微观史学研究的对象偏向于日常和大众的文化，和庞大的国家历史相比，其内容强调细节与翔实。对此，美国历史学家佐尔格・伊格尔斯(Georg Iggers，1926–2017)评价道：“历史研究从宏大叙事转向对微小事物的关注，即人们的生活，特别是普通大众的生活。”[2]

除了研究内容，微观史学与宏观史学最大的区别就在于最终历史所呈现的状态：后者呈现的是一个整体，而前者的历史结构则相对松散琐碎。当哲学于20世纪60年代转向解构主义时，历史也开始转型为追寻微观史学研究方法。日常微观史学的研究模式并不能与不完美性的概念画等号，但是福蒂在两者之间找到了共同点。相对于宏观史学全面宏大的叙事，采用强调历史局部与日常的微观史学方法编纂的历史，其结构似乎显得过于碎片化，因而与“不完美性”取得某种共鸣。

[1] 福蒂举的例子是：“We will have been going to cinema.”(译文为“我们已经将要去看电影。”)详见：Iain Borden，Murray Fraser，Barbara Penner. *Forty Ways to Think About Architecture*[M]. Chichester：John Wiley & Son Ltd.，2014：32.

[2] 琳达・格鲁特，大卫・王. 建筑学研究方法[M]. 王何忆，译. 北京：电子工业出版社，2005：176.

2018 年 10 月 14 日，福蒂在巴特莱特建筑学院国际讲座系列（Bartlett International Lecture Series）中作了题为“失望：一种羞耻的建筑享受”的讲座，再次证明了他对不完美性理论的倾向[1]。不完美的思潮如今在西方逐渐扩散，2019 年当选的英国首相鲍里斯·约翰逊（Boris Johnson，1964– ）强调，他深信人类并非完美，政治也一样。这与福蒂的指导思想相互映衬，也是一种佐证。从 2000 年的教授就职演讲到 2018 年国际讲座，福蒂就在强调他的学术指导思想，坚守他的学术价值取向。他的这种价值取向一直贯穿在他的主要著作中。

5.3 历史编纂中的“不完美性”

在《欲求之物》中，福蒂的微观史学编纂方式体现为以专题研究的形式对设计史进行研究。每个专题都着重研究一个特定的设计案例，研究的都是一段独立的“设计史”。该书前四章内容主要围绕“机械生产”展开，分别探讨了新型生产模式对投资者、设计师、设计生产、消费者带来的影响，而其中投资者、设计师、消费者正是新型生产模式中参与生产活动且彼此制衡博弈的三方。

该书第五章到第十章强调了社会各方面的因素在设计史发展中扮演的角色，这是书中最重要的一部分。在这部分中，福蒂强调随着社会的变迁，人们的欲望以及消费冲动也随之改变；而设计师和投资商迎合消费者的欲求，对商品进行调整与改进，使之成为消费者确实需要的“欲求之物”。换言之，在福蒂看来，推动设计史发展的是消费者的“欲求”，设计师所倡导的“好的设计”与

[1] 谭绰钧 . 失望：一种羞耻的建筑享受 [EB/OL].（2018/11/16）[2020/2/30]. https：//mp. weixin. qq. com/s/b2kDBDEbF4kKvmm0a0H0YQ.

消费者的“欲求”存在着本质上的因果关系。“欲求”为因，“好的设计”为果。

该书最后一章根据前文的理论依据，对设计史进行重构，揭露了设计师们为改善自己的社会地位而颠倒因果，试图充当“好的设计”的主导者。

然而传统史学认为，历史应该是自然而理性的，任何“非理性的”“冲动的”“欲望的”源于人类动物本能的事物应该被排除在历史之外。正如英国历史学家芭芭拉・泰勒（Barbara Taylor）所说：“它们（人类非理性的冲动、欲望等）是人类生命的一部分，是我们活动的内在动力……但这些不属于历史进程。”[1] 在传统历史学者看来，人类的思维应该是研究历史后产生的结果，而不应该是历史研究的依据，更不是推动历史的动力。因此，以“欲望”和“消费冲动”为核心的《欲求之物》几乎不可能采用传统的历史写作模式。此外，从研究方法来说，由于该书尽可能详尽地阐述史实来佐证自己的观点，所以和主要通过主观加工而显得高大上的宏观史学相比，采用微观史学的研究方法显然更为合适。

尽管《欲求之物》采用了微观史学的研究模式，其总体结构显得相对松散，但是依然有传统史学研究的影子。书中围绕某个抽象的理论进行拓展研究，这一理论即设计与社会之间的关系，每章的内容都是对这一理论的佐证与补充。

在 20 世纪 90 年代，福蒂的《词语与建筑物》开始研究建筑的口头话语，以及建筑通过语言进行交流的方式。《词语与建筑物》的前半部分仍然延续前作的编纂模式，以专题的形式对语言一建筑体系这个整体进行分析。该书第一章主要介绍福蒂援引巴特的

[1] 琳达・格鲁特，大卫・王．建筑学研究方法 [M]. 王何忆，译．北京：电子工业出版社，2005：183–184.

时尚评价体系提出了语言—建筑评价体系，并且详细介绍了这个体系的运转模式以及不可弥补的缺陷。第二章至第六章主要介绍了体系中两种描述性的工具（媒介）——图与隐喻。该书前半部分与《欲求之物》并无明显区别，仍然是以专题的形式侧重于客观介绍。从内容来看，该书后半部分与前六章相仿，同样是介绍体系中重要的组成部分——现代主义词语。但是这后半部分针对词语含义演变的研究中，福蒂采用词典的形式，列举了 18 个现代主义词语的演变历史。他将本就松散的结构进一步割裂，将词语的发展史分割为互补的 18 部分，以词条的形式进行解读。

相当多的学者对福蒂的这种行文方式进行了批评。哥伦比亚大学建筑学教授格温德林·莱特（Gwendolyn Wright，1946- ）就曾表示："福蒂所使用案例反复出现于各个条目中，反而避开了对重点问题与概念的描述。"[1] 也就是说这种彻底零散的结构反而对福蒂表达核心概念造成了拖累。不过，或许这正是福蒂有意为之，是他对历史编纂中的"不完美性"进一步深入的探索。

《混凝土与文化》的历史编纂模式逐渐向《欲求之物》回归。从结构上看，全书十章紧紧围绕混凝土作为文化传播的媒介这个主题展开。不过与《欲求之物》相比，这 10 章之间的关系相对独立。该书的总体结构更像是《欲求之物》与《词语与建筑物》第二部分的结合体。这 10 章是"混凝土作为文化传播的媒介"这个核心的解释条目，分别从 10 个不同的角度对该议题进行解读，彼此之间没有主次，关系完全并列。

从内容上看，《混凝土与文化》面临着和《词语与建筑物》一

[1] Gwendolyn Wright. *Words and Buildings: A Vocabulary of Modern Architecture by Adrian Forty* [J]. *Journal of the Society of Architectural Historians*, 2002, 61 (1): 122-124.

样的问题，即相同的史料出现于不同的章节中。例如赫鲁晓夫大规模发展装配式混凝土这一素材就曾多次出现，它在第四章《混凝土与地缘政治》、第五章《混凝土与政治》、第八章《混凝土与劳动力》中均作为主要研究材料出现。但事实上，与《词语与建筑物》不同的是，福蒂从各种角度对同一材料（事件）进行分析，内容上并不重复，丝毫不影响福蒂对核心问题的表述。

显然，尽管该书依然延续着前作的编纂模式，福蒂却没有放弃对“不完美性”的探索。或许是对《词语与建筑物》的质疑声对福蒂产生了影响，在《混凝土与文化》一书的创作中，其激进的态度相对有所收敛。

5.4　历史题材的“不完美性”

美国密歇根大学教授格鲁特（Linda L. Groat）在其作品《建筑学研究方法》（*Architectural Research Methods*）一书中评价：“福蒂的解释就是一种典型的解释类型。这就是说除了考证历史证据之外，历史学家本人的观点是决定历史研究叙事的关键性因素。”[1] 也就是说，福蒂的历史编纂的思想观点是基于不完美性，因此当他审视自己的写作题材和写作对象时，不免“一以贯之”地把“不完美性”投向这些写作题材和写作对象。

尽管前文中提到，追求“完美”是设计产品作为商品的特性，但是在实际生产的过程中，产品会被制造成本、大规模生产的可行性以及市场反馈这些客观条件所约束。福蒂认为，产品很难在

[1] 琳达·格鲁特，大卫·王．建筑学研究方法[M]．王何忆，译．北京：电子工业出版社，2005：175.

各个方面都达到最高的标准，设计师能做到的只有将它们在某种程度上进行平衡。为了证明自己的观点，福蒂以德国犹太人建筑师康拉德·瓦克斯曼（Konrad Wachsmann，1901–1980）的悲剧为例。20 世纪前半叶，第二次世界大战的爆发造成房屋损毁，让欧洲陷入了房屋大量短缺的境地，现代主义建筑由此逐渐走上世界舞台。以此为背景，瓦克斯曼与格罗皮乌斯开展了预制房屋研发，这种房屋设计的目的是为了短时间内进行批量生产。如果这个项目被顺利研发，那么一年之内在美国加利福尼亚州就能够建起 10000 套这样的房屋。但是事与愿违，最终投入生产的房屋项目不到几十个。而导致这一切的，都是因为作为设计者的瓦克斯曼是个近乎苛责的完美主义者，为了让这种房屋在“结构”“造型”和“施工”方面达到他认为完美的标准，他不断地细化，力求设计产品在建筑性能上达到极致与完美。然而，当他把自认为完美的建筑方案设计出来时，已经是 20 世纪 60 年代了。那时，住宅短缺的情况已经缓解，预制建筑的市场也急剧缩水，适合这种房屋推广的市场机遇已经错过[1]。产品在某方面达到极致的同时，必然在某些方面进行妥协与让步，因此，设计产品的最终形态是“不完美的”。上述是《欲求之物》中所涉及题材的不完美性，作为对上面阐述的“不完美性”的主旨的补充。

在《词语与建筑物》中，福蒂认为作为建筑思想载体的语言是“不完美的”。首先，语言并不善于描述，在描绘建筑特征与传递理念的过程中，其含义模糊的特性被无限放大，语言与建筑的组合显得捉襟见肘。因此，许多西方学者认为人类感官（如视觉）获

[1] 谭峥．节点的进化：康拉德·瓦克斯曼的预制装配式建筑探索 [J]. 时代建筑，2017（3）：152–157.

得的经验，在某种程度上与人类从书本（通过语言）中获得的经验存在冲突[1]。为了弥补这一缺陷，福蒂仿照巴特的时尚体系，构建了语言—建筑评价体系，并在其中加入图这个描述性的工具，但是这并没有从根本上解决问题，因为思维信息的传递依然要通过文字。

其次，在这个体系中，语言自身也是一种不稳定的介质。语言本身具有强烈的时代色彩，词语的语义会随着历史的演进而产生堆叠、变形；而且，历史的研究过程往往来源于对历史文献的研讨，当学者们对文献进行解读时，必须考虑到这些资料在当时历史背景下所代表的含义。

除此之外，建筑作为一种艺术，对语言存在着天然的排斥。正如法国文豪维克多·雨果（Victor Hugo，1802–1885）在其著作《巴黎圣母院》（*Notre-Dame de Paris*）中所说：“这书（印刷书籍）将会毁灭那座建筑的。”[2] 他借助主教之口，表达了他对语言

---

[1] Adrian Forty. *Words and Buildings: A Vocabulary of Modern Architecture*[M]. London: Thames & Hudson，2000: 11.

[2] 本段文字节选自《巴黎圣母院》第五章《这个会毁灭那个》（*This Will Kill That*）。文中描述教堂的副主教瞥了一眼印刷的书籍，然后看向大教堂，说：“这书将会毁灭那座建筑的。”对于这句话，雨果对其进行了两种解读：其一是大主教畏惧印刷书籍启迪人类思想，会动摇教会的精神统治。当然对于这句话还有第二种解读，雨果在第一种思想的基础上进行了更深入的解读，认为这种观点不仅仅适用于宗教传教士，更适用于学术研究者和艺术工作者。他评价这种观点为更隐秘，却更容易引起争议：“我有所预感，人类思想的形式改变了，表达方式也随之改变了，每代人的思想将不再通过唯一的材料与介质进行记载与书写了。坚固而又永恒的‘石之书’（The Book of Stone）将会把它的使命让位于更加坚固永久的‘纸之书’（The Book of Paper）。”这意味着神父那含义模糊的话语中还有第二层意思，即一种艺术将摧毁另一种艺术。更直白地讲，印刷术所代表的语言文字将毁灭建筑艺术。详见：Hugo，Victor. *Notre-Dame de Paris*[M]. New York: Oxford UP.，1993: 190–193.

即将毁灭建筑艺术的担忧。最终，语言—图—建筑评价体系以不完美的形态呈现在世人面前。

对于混凝土这种寻常可见的建筑材料，在《混凝土与文化》中福蒂给予了这样的评价："混凝土是一种神奇的材料，而我从事的工作就是找出混凝土看似合理的表面下隐藏的矛盾（contradictions）。"[1] 福蒂认为混凝土的"不完美性"主要来源于其矛盾性。

混凝土的"矛盾性"首先体现于其物理特性。正如福蒂在《混凝土与文化》前言中介绍的那样，这个材料究竟是"固态"还是"液态"、"光滑"还是"粗糙"、"自然"还是"人工"，人们很难将它进行严格的限定[2]。而且与木结构和石结构建筑相比，混凝土没有属于自身的特性，即混凝土并不像木石材料那样具有高识别性的纹理，也没有相对应的建筑结构。

其次，从文化的角度而言，混凝土作为现代主义代表性建筑材料，却同时具有落后的文化意象；作为与建筑师关系最为密切的建筑材料，却常常排斥建筑师们参与到其建设活动中；甚至柯布西耶暴露混凝土狂野粗糙的外表面的处理手法，都被班纳姆称为"高贵的野蛮"[3]。这使得每当研究者需要突出其某一种文化特性的时候，另一种与之对应的文化特性也会显现出来。混凝土物理特性与文化特性上的矛盾性也是这种材料不完美的体现。

---

[1] Iain Borden，Murray Fraser，Barbara Penner. *Forty Ways to Think About Architecture*[M]. Chichester：John Wiley & Son Ltd.，2014：29.

[2] Adrian Forty. *Concrete and Culture：A Material History*[M]. London：Reiktions Books，2016：10.

[3] Adrian Forty. *Concrete and Culture：A Material History*[M]. London：Reiktions Books，2016：23.

5.5 小结

“不完美性”作为贯穿于福蒂研究生涯的核心词语，在设计专著《欲求之物》中表现为与主流文化相异的写作方式，在语言专著《词语与建筑物》中表现为拼盘式的历史写作，在材料专著《混凝土与文化》中表现为对混凝土属性不完美性的历史坎坷展开的阐述。2018 年 10 月 14 日在巴特莱特建筑学院国际讲座系列（Bartlett International Lecture Series）所作的题为“失望：一种羞耻的建筑享受”的讲座，也再次证明了福蒂的“不完美性”的价值取向[1]。在现实中,“不完美性”是人类理念中“完美性”的常态，承认“不完美性”，就离“完美性”更近了。

福蒂目前先后出版过三本专著，从设计—语言—材料的写作节奏，基本上显示出他一生所钟情的课题与内容，以及他的学术研究指导思想。福蒂最初是学艺术史，也是从设计史研究开始他的学术生涯的。就本书认为，福蒂终其一生都在对现代史学（含设计史与建筑史）进行执着的研究。不过这种“一如既往”的痴迷，表面上是设计—语言—材料，主题各异，跨度较大，不易知晓与洞察。根据上面的研究,《欲求之物》是一部设计研究史，通过对消费品生产的洞若观火的考察，展现出消费品设计与主流历史研究方法相异的历史。而《词语与建筑物》表面上是一部词典，也是现代建筑关键词的意义演变史，正如上面所述,《词语与建筑物》是要求读者自己参与“组装”的现代建筑史。《混凝土与文化》可以做两种理解：一是从混凝土角度侧面讨论了现代建筑史，因此它

[1] 参见题为“失望：一种羞耻的建筑享受”讲座，见 https：//mp. weixin. qq. com/s/b2kDBDEbF4kKvmm0a0H0YQ.

也是一部现代建筑史，即与《词语与建筑物》相平行的建筑史；二是“混凝土”作为现代建筑关键词,也许可以算作《词语与建筑物》中的第 19 个词。如果这样成立的话,《混凝土与文化》就是对《词语与建筑物》(或者说现代建筑史)的补充。

“不完美性”理论作为贯穿福蒂研究生涯的思想，在关于设计的专著《欲求之物》中故意拉开与主流历史研究方法之间的距离，在关于语言的专著《词语与建筑物》中表现出拼盘式的历史写作形式，在关于材料的专著《混凝土与文化》中表现为对混凝土属性不完美性的历史坎坷展开的阐述。这种不完美性的理念不仅贯穿于历史研究中，成为福蒂历史写作的重要指导思想；同样用这种不完美性的观念来分析福蒂研究的对象，也会发现对象的不完美：设计产品对完美的求而不得，并不稳定的语言—建筑评价体系自相矛盾，文化意象摇摆不定的混凝土，似乎都在向人们揭示着这样一个事实，那就是“不完美的”并不仅有历史，还有人们当下的生活，以及期许的未来。

“完美性”也是一种理想和虚构，以西方思想的逻辑方法来看，任何“完美的”东西一旦成为现实，它就受到时空的限制，也就变得“不完美”了。“完美性”犹如人类前面的地平线,永远在接近，却永远无法到达。从这种意义上来讲，“完美性”是精神世界的一种构造物，而且永远存在于精神世界中。

事实上，已经有很多学者认识到了“完美性”的虚构性，英国评论家约翰·拉斯金就曾表示“不完整(也可理解为不完美)也是一种恰当的表达方式”[1]。拉斯金强调了一个被历史学者们忽视的事实，即没有必要一定要将历史塑造成“完美的”历史，“不完

[1] Iain Borden，Murray Fraser，Barbara Penner. *Forty Ways to Think About Architecture*[M].Chichester：John Wiley & Son Ltd.，2014：22–23.

美的”历史其实是真实的历史表达形式。不仅是历史，认识世界的方式也是如此。而福蒂的工作正是把这种思维方式展现在读者面前，这也许是福蒂的“不完美性”思想留给建筑界的一个值得反思的重大命题。实际上，只要承认“不完美性”，就在处于向完美性接近的路途中，虽然并没有距离“完美性”更近，但是已经纳入了迈向“完美性”的历史进程中。

06

第六章

不完美性是历史的进步

1936年佩夫斯纳的《现代设计的先驱者》横空出世，为现代主义建筑开疆拓土的同时，也令历史研究模式变得僵化。不可否认，他的宏观史学研究模式的确为现代主义理论的推广做出了重要贡献，但是随着时间的推移，现代主义发展趋势向多元化发展，宏观史学已经无法满足历史研究的需求。福蒂认识到了这一点，并尝试对旧有的研究模式进行改进。于是，微观史学的研究方法应运而生，《欲求之物》正是福蒂对该研究方法的最初尝试。在《欲求之物》获得巨大成功之后，福蒂延续该书的研究模式，陆续创作了《词语与建筑物》与《混凝土与文化》等作品，分别从语言学、建筑史和材料史等角度对这种历史研究模式进行了验证。除此之外，本书尝试对此进一步深入研究，寻找隐藏在其背后的指导理论以及促使福蒂作出转变的原因。通过研读福蒂的作品、查阅相关书籍以及直接与福蒂教授进行邮件交流，我们将这种指导福蒂对微观史学进行探索实践的理论称为“不完美性”理论。

所谓“不完美性”理论是相对于“完美性”理论而存在的。这种“完美性”的哲学命题虽然没有作为概念直接提出，但是它贯穿于西方思想的演化过程中。这种完美性是某种对极限思维和极致观念的追求。当这种完美性体现于历史研究中时，即表现为对宏大叙事历史观与对现代精英文化抽象化解析的追求。吉迪恩和佩夫斯纳的历史编纂强调时代精神并把其当作宏观历史的指导思想，就是属于追求“完美性”的范畴。他们的研究模式使得“完美性”在历史研究中的体现几乎达到了顶峰。

直到20世纪80年代，随着强调个体与部分、反对整体与统一的解构主义的兴起，“完美性”理论的哲学根基发生了动摇。人们开始尝试从“不完美性”的角度重新对世界进行认识，展开思考。福蒂是率先认识这一事实的历史学者之一。他在就职演讲“未来并非完美”中，对“不完美性”作了详细的讨论。

“不完美性”理论体现于历史研究中的表现为，历史研究逐渐从擅长宏大叙事、抽象概括的宏观史学向专注于日常生活与史实描述的微观史学转变。这种对“不完美性”的追求贯穿了福蒂一生的研究兴趣和研究内容。作为福蒂研究的中心词，“不完美性”理论随着福蒂研究内容与关注对象的不同，在历史编纂上的体现也有所不同。

在《欲求之物》一书中，福蒂关注的是作为社会生产一个环节的消费品的生产、设计和推广等方面的运作形式。这种研究需要真实的历史材料进行佐证，关注日常生活经验和偏向于史实描述的微观史学，与福蒂想要证明的理念产生某种共鸣。此时微观史学只是辅助福蒂表达理念的一种特定手法,是初步的尝试。因此，该书中依然有些许传统史学研究的影子，例如尽管采用的是结构相对松散的微观史学研究模式，但事实上各个章节的联系仍然相对紧密，围绕着核心观点进行论述。

在《欲求之物》获得巨大成功之后，福蒂尝试将这种研究模式推广到其他学科的历史研究中。建筑学或语言学成为福蒂再次实践该理论的对象。在《词语与建筑学》一书中，福蒂延续了《欲求之物》的研究模式，并且将本就因此而导致极为松散的文章结构进一步打碎，用词典词条的方式对建筑史进行重构。每个现代主义建筑词条之间完全并列，研究的核心彻底消失。尽管这种研究模式在学界引起了一定的争议,但不可否认的是,这是福蒂对“不完美性”理论与微观史学在建筑编纂中的进一步探索。

有了前两部作品的经验，福蒂的第三部作品《混凝土与文化》的编纂模式明显更加成熟。可以看出，福蒂已经在历史写作中寻找到了平衡，该书从某种程度来说是对《欲求之物》的回归，其写作方法与《词语与建筑物》一书相比要更加温和。福蒂的“不完美性”理论与微观史学的研究模式日趋完善。

从结束本书的写作（2020 年 4 月）算来，距离福蒂的第一部作品《欲求之物》问世已经 34 个春秋，距离其作品《混凝土与文化》首次出版也已经过了 8 年。或许他书中的部分观点时至今日已经有些过时，不过福蒂提供的历史研究的新思路仍然值得借鉴与学习。福蒂从哲学出发，在历史研究陷入僵局的时候，勇于打破传统思维模式的束缚另辟蹊径，不管是对于这种天马行空的想象力，还是敢于质疑的勇气都令人敬佩。如果通过本书，可以让国内的学者关注到历史写作有着其他可能性，或是偶然激发他们的创作灵感，那么本书也就有了真正的意义。

参考文献

[1] 阿德里安・福蒂．词语与建筑物：现代建筑的语汇 [M]. 李华，武昕，诸葛净，等，译．北京：中国建筑工业出版社，2018.

[2] 阿德里安・福蒂．欲求之物：1750 年以来的设计与社会 [M]. 苟娴煦，译．南京：译林出版社，2014.

[3] 伊恩・博登，墨里・弗雷泽，芭芭拉・潘纳．建筑思考 40 式：建筑史与建筑理论的现状 [M]. 葛红艳，译．北京：电子工业出版社，2017.

[4] 尼古拉斯・佩夫斯纳．现代设计的先驱者：从威廉・莫里斯到格罗皮乌斯 [M]. 王申祜，王晓京，译．北京：中国建筑工业出版社，2015.

[5] 琳达・格鲁特，大卫・王．建筑学研究方法 [M]. 王何忆，译．北京：电子工业出版社，2005.

[6] 五十岚太郎．关于现代建筑的 16 章：空间、时间以及世界 [M]. 刘峰，刘金晓，译．南京：江苏人民出版社，2015.

[7] 塔夫里．建筑学的理论与历史 [M]. 郑时龄，译．北京：中国建筑工业出版社，2010.

[8] 赫伯特・里德．艺术哲学论 [M]. 张卫东，译．南京：江苏人民出版社，2019.

[9] 罗宾・埃文斯．从绘图到建筑物的翻译及其他文章 [M]. 刘东洋，译．北京：中国建筑工业出版社，2018.

[10] 约翰・罗斯金．建筑的七盏明灯 [M]. 谷意，译．济南：山东画报出版社，2012.

[11] 柏拉图 . 柏拉图全集（第二卷）[M]. 王晓朝，译 . 北京：人民出版社，2003.

[12] 邓晓芒，赵林 . 西方哲学史 [M]. 北京：高等教育出版社，2005.

[13] 马尔库斯·维特鲁威·波利奥 . 建筑十书 [M]. 高履泰，译 . 北京：知识产权出版社，2001.

[14] 朱光潜 . 朱光潜全集（第四卷）[M]. 合肥：安徽教育出版社，1988.

[15] 阿尔贝托·罗萨 . 意识形态批判与历史实践 [A]. 胡恒，译 . 建筑文化研究（第 8 辑）[C]. 上海：同济大学出版社，2015.

[16] 吕纯山 . 浅谈亚里士多德质料概念对柏拉图理念论的改造 [A]. 外国哲学（第三十三辑）[C]. 北京：商印文津文化（北京）有限责任公司，2017.

[17] 陈露 . 亚里士多德艺术观 [J]. 青年文学家，2015（17）：143.

[18] 刘银燕 . 洛杉矶河：美国二十世纪城市规划的伤痕 [J]. 中外建筑，2001（6）：45-46.

[19] 苏健，王谷全 . 从原型理论看词义的演变 [J]. 中外企业家，2012（4）：152-153.

[20] 谭峥 . 节点的进化：康拉德·瓦克斯曼的预制装配式建筑探索 [J]. 时代建筑，2017（3）：152-157.

[21] 王娜娜，杜娜 . 浅析英国的政治文化的特点 [J]. 中国商界（下半月），2008（5）：272.

[22] 王小茉，赵毅平 . 突破线性叙事与欧洲中心的设计史研究：《设计史期刊》编辑丹尼尔·胡帕茨采访访谈 [J]. 装饰，2018（11）：34-35.

[23] 卫·弗莱切尔，高健洲 . 景观都市主义与洛杉矶河 [J]. 风景园林，2009（2）：54-61.

[24] 邢鹏飞 . 设计之于社会与社会之于设计：社会学的介入对设计史研究造成的影响 [J]. 装饰，2017（8）：77-79.

[25] 殷霞 . 简谈柏拉图理念论的影响 [J]. 法制与社会，2009（26）：359.

[26] 袁熙旸 . 前瞻中的历史，回望中的未来：雷纳・班纳姆的《第一机械时代的理论与设计》[J]. 装饰，2010（2）：74-75.

[27] 赵艳芳，周红 . 语义范畴与词义演变的认知机制 [J]. 郑州工业大学学报（社会科学版），2000（4）：53-56.

[28] 大卫・瓦特金，周宪 . 尼古拉・佩夫斯纳："历史主义"的研究 [J]. 世界美术，1993（3）：46-50.

[29] 朱云飞 . 浅析工业设计之父：威廉・莫里斯的设计思想 [J]. 新西部（下旬 . 理论版），2011（9）：265+267.

[30] 陈若煊 . 雷纳・班纳姆设计批评思想研究 [D]. 南京：南京艺术学院，2017.

[31] 徐晨希 . 佩夫斯纳设计史思想研究 [D]. 南京：南京艺术学院，2014.

[32] 王昉 . 话语与文学 [D]. 西安：陕西师范大学，2007.

[33] 徐敏 .《欲求之物》视野、方法对设计史研究的影响 [D]. 南京：南京师范大学，2019.

[34] Iain Borden，Murray Fraser，Barbara Penner. *Forty Ways to Think About Architecture*[M]. Chichester：John Wiley & Son Ltd.，2014.

[35] Adiran Forty. *Of Cars，Clothes and Carpets：Design Metaphors in Architectural Thought：The First Banham Memorial Lecture*[J]. *Journal of Design History*，1989，2（1）：11-14.

[36] Adrian Forty. *Concrete and Culture：A Material History*[M]. London：Reiktions Books，2016.

[37] Adrian Forty. *Objects of Desire：Design and Society Since 1750*[M]. London：Thames and Hudson，1986.

[38] Adrian Forty. *Words and Buildings：A Vocabulary of Modern*

Architecture[M]. London: Thames & Hudson, 2000.

[39] Adrian Forty. *A Reply to Victor Margolin*[J]. *Journal of Design History*, 1993, 6 (2): 131–132.

[40] Amy E. Slaton. *Concrete and Culture: A Material History. by Adrian Forty* (Review) [J]. *Technology and Culture*, 2015, 56 (1): 279–281.

[41] Bernard Tschumi. *Architecture and Disjunction*[M]. Cambridge: The MIT Press, 1996.

[42] David Wang. *Words and Buildings: A Vocabulary of Modern Architecture by Adrian Forty*[J]. *Journal of Architectural Education Volume*, 2002, 55 (4): 274–275.

[43] Finer Ann, George Savage. *The Selected Letter of Josiah Wedgwood*[M]. London: Cory, Adams & Mackay, 1965.

[44] Francois Coignet. *Bétons Agglomérés Appliqués à l' art de Construire*.[M]. Paris: Nabu Press, 1861.

[45] Fyodor Gladkov. *Cement*[M]. Trans. A. S. Arthur, C. Ashleigh. Evanston: Northwestern University Press, 1994.

[46] George Lakoff, Mark Johnsen. *Metaphors We Live by*[M]. Chicago & London: The University of Chicago Press, 1980.

[47] Gio Ponti. *In Praise of Architecture*[M]. Trans. Mario Salvadori. New York: F. W. Dodge Corp., 1960.

[48] Gwendolyn Wright. *Words and Buildings: A Vocabulary of Modern Architecture by Adrian Forty* [J]. *Journal of the Society of Architectural Historians*, 2002, 61 (1): 122–124.

[49] Hans Pflug. *Les Autostrades de l' Allemagne*[M]. Bruxelles: Maison Internationale d'édition, 1941.

[50] Heikkinen. *Elephant and Butterfly: Permanence and Chance in Architecture*[M]. Helsinki: Alvar Aalto Academy, 2003.

[51] Henri Lefebvre. *Introduction to Modernity*[M]. Trans. John Moore. London: Verso Books, 1962.

[52] Hugo, Victor. *Notre—Dame de Paris*[M]. New York: Oxford UP., 1993.

[53] Jean–Nocolas–Louis Durand. *récis Des Leçons D' architecture Données À L'école Royale Polytechnique* (Volume I) [M]. Charleston: Nabu Press, 2012.

[54] John Byng. *The Torrington Diaries,* Vol. 3[M]. London: C. Bruyn Andrew, 1934: 81.

[55] John Evelyn. *The Diary of John Evelyn*[M]. London: Oxford University Press, 1959.

[56] John Harris, Gordon Higgott. *Inigo Jones Complete Architectural Drawings*[M]. New York: The Drawing Centre, 1989.

[57] Karl Marx. *Capital: A Critique of Political Economy,* Vol. 1[M]. London: Penguin Books Ltd., 1976.

[58] Kevin Lynch. *The Image of the City*[M]. Cambridge: The MIT Press, 1960.

[59] Kojin Karatani. *Architecture as Metaphor: Language, Number, Money*[M]. Cambridge: The MIT Press, 1995.

[60] Marcus Vitruvius Pollio. *On Architecture Book II*[M]. Trans. Richard Schofield. London: Penguin Classics, 2009.

[61] Mark Swenarton. *Homes Fit for Heros*[M]. London: Heinemann, 1984.

[62] Mary Douglas. *Purity and Danger*[M]. Winchester: Harmondsworth, 1970.

[63] Michael Podro. *The Critical Historians of Art*[M]. New Haven & London: Yale University Press, 1984.

[64] Mike Davis. *How Eden Lost its Garden: A Political History of the L. A. landscape*[J]. *Capitalism Nature Socialism*, 1995, 6 (4): 1–29.

[65] Paul Virilio. *Bunker Archaeology*[M]. Trans. G. Collins. New York: Princeton Architecture Press, 1994.

[66] Pual Heyer. *Architects on Architecture: New Directions in America*[M]. Harmondsworth: Walker and Company, 1967.

[67] Rainer Stommer, Claudia Philipp. *Triumph der Technik: Autobahnbruchen Zwischen Ingenieuraufgabe und Kulturdenkmal*[M]. Marburg: Reichsautobahn, 1982.

[68] Rejean Legault. *"L" Appareil de l' architecture Moderne: New Materials and Architectuaral Modernity in France, 1889–1934*[D]. Cambridge: Massachusetts Institute of Technology, 1997.

[69] Richard Llewelyn Davies. *The Education of an Architect: An Inaugural Lecture, Delivered at University College*[M]. London: University College, Longon by HK Lewis & Co., 1960.

[70] Robert Breuer. *Die Hilfe: Zeitschrift für Politik, Wirtschaft und Geistige Bewegung*[M]. Berlin: Osmer, 1913.

[71] Roland Barthes. *The Fashion System*[M]. Trans. Matthew Ward, Richard Howard. California: University of California Press, 1990.

[72] Rosalind P. Blakesley, Susan A. Reid. *Russian Art and the West*[M]. Dekalb: Northern Illinois University Press, 2007.

[73] Saran William Goldhagen，Réjean Legault . *Anxious Modernisms, Experimentation in Postwar Architectural Culture*[M]. Cambridge：The MIT Press，2001.

[74] Scott Camazin，Jean-Louis Deneubourg，Nigel R. Franks，et al. *Self-Organization in Biological Systems*[M]. Princeton：Princeton UP.，2001.

[75] Serres，Michel. *Rome: The First Book of Foundations*[M]. Trans. Randolph Burks. London：Bloomsbury Academic，2015.

[76] Thomas Zeller. *Driving Germany: The Landscape and the Making of Modern Germany*[M]. New York：Oxford University Press，2007.

[77] Victor Margolin. *A Reply to Adrian Forty* [J]. *Design Issues*，1995，11（1）：19-21.

[78] Victor Margolin. *Design History or Design Studies：Subject Matter and Methods* [J]. *Design Studies*，1995，11（13）：104-116.

[79] Vilém Flusser. *Towards a Philosophy of Photography*[M]. Trans. Anthony Mathews. London：Reiktions Books，2000.

[80] 谭绰钧 . 失望：一种羞耻的建筑享受 [EB/OL].（2018/11/16）[2020/2/30]. https：//mp. weixin. qq. com/s/b2kDBDEbF4kKvm-m0a0H0YQ.

[81] Jonathan Glancey. I don't do nice[EB/OL].（2006/10/9）[2019/12/25]. https：//www. theguardian. com/artanddesign/2006/oct/09/architecture. communities.

[82] 宋志平 . 中国是全球最大的水泥消费国，占全球约 55%[EB/OL]. 水泥人网，（2019/9/17）[2019/12/25]. http：//www. cementren. com/2019/0917/60557. html.

[83] oxfordmuse. com. A Short Biography of Theodore Zeldin[EB/OL]. (2008/1/15) [2020/2/07]. http：//oxfordmuse. com/?q= theodore-zeldin.

[84] Adrian Forty. Prof Adrian Forty Biography. [EB/OL]. (2014/10/1) [2020/2/07]. https：//www. ucl. ac. uk/bartlett/architecture/prof-adrian-forty.

附录　图片来源

图 1-1　阿德里安·福蒂　https://www.archetype.gr/blog/arthro/i-matia-tou-istorikou-stin-architektoniki

图 1-2　西奥多·泽尔丁　https://www.la-croix.com/Culture/Actualite/Theodore-Zeldin-enseigne-la-conversation-et-la-liberte-_NG_-2012-07-31-837374

图 1-3　雷纳·班纳姆　https://www.npg.org.uk/collections/search/portrait/ mw120247/Reyner-Banham

图 2-1　《欲求之物》(1986版)　https://www.amazon.com/Objects-Desire-Sheila-Metzner/dp/0517562340

图 3-1　《词语与建筑物》(2000版)　https://www.architecture.com/riba-books/books/architectural-theory/product/words-and-buildings-a-vocabulary-of-modern-architecture.html

图 4-1　德国高速公路 1　https://www.panoramatours.com/de/salzburg/tour/grossglockner-hochalpenstrasse-private-ganztagestour/

图 4-2　德国高速公路 2　Adrian Forty. *Concrete and Culture: A Material History*[M].London: Reiktions Books.2016: 65.

图 4-3　《混凝土与文化》(2012 版)　https://cn.bing.com/images/search?view=detailV2&id=909C450C5E62D3D0AE9AAB78F0917AB3B09B5BA7&thid=OIP.1RnNTd_AW7: :C9-AZZ11XgAAAA&mediaurl=https%3A%2F%2Fwordery.com%2Fjackets%2F029aedb8%2Fm%2F9781861898975.jpg&exph=337&expw=

263&q=concrete+and+culture+a+material+history+adrian+forty&selectedindex=0&ajaxhist=0&vt=0&eim=0，1，2，3，4，6，8，10

图 4-4　洛杉矶河范围示意图（美国陆军工兵团，1991 年） https://www.sohu.com/a/260117252_712505

图 4-5　洛杉矶河现状 1　https://www.archdaily.com/802707/this-spectacular- aerial-video-shows-the-whole-la-river-before-its-transformation

图 4-6　洛杉矶河现状 2　https://www.yidianzixun.com/article/0Iq89jRz?appid=s3rd_mochuang&s=mochuang

图 4-7　洛杉矶河修复规划图　https://www.sohu.com/a/260117252_712505

图 4-8　洛杉矶河修复效果图　https://www.sohu.com/a/260117252_712505